JN240014

事故になる前に気づくための──

産業安全 基礎の基礎

荒井 保和 / 著

化学工業日報社

は じ め に

　元々は設計、設備、製造、工場管理、そして技術開発など工場経験であっても直接的には安全管理とは距離を置く立場で仕事をしてきた筆者が、製造業の保安活動、安全活動のお手伝いに関わるようになっていつの間にか10年を超える時間が経っている。その間、主としてコンビナートの中核となるような規模の大きな工場を中心として、多くの方々と意見を交え安全の確保を目指してきたつもりでいるが、一方で様々な機会に目にしたいわゆる工業団地に操業する中規模の工場、あるいはコンビナート地区にあっても規模のそれほど大きくない工場における事故、トラブルの実態は、起きた事象は同じであってもその背景に、あるいは対策に大規模工場とは大きな違いがあることを痛感してきた。一言でいえば、安全確保に対する思いや施策の脆弱さであり、本質原因まで立ち入らずに決着してしまう再発防止策の不徹底さである。

　マスコミが大々的に報じ、社会に不安を与えるコンビナート企業の火災、爆発はもちろんあってはならないが、一方で新聞紙面の片隅にしか載らない小規模工場での事故や、そこで発生する死傷者数は、コンビナート事故によるそれよりもはるかに多いという現実がある。規模は少し小さくても同じ製造業で働く者として、安全に働く権利も責任も、皆同等にあるのだから、そこにももっと安全の確保や事故防止に対する備え、そして同種事故の再発防止策の充実があって然るべきはずである。そんな思いに駆られたことが本書構想のきっかけである。

　保安安全に関わる官公庁、学会、そして業界関係者で研究され、蓄積された安全理念や施策はその多くがコンビナートを中心とす

る大規模工場で実施され、実証され、試行錯誤を繰り返しながら、まだまだ不完全さを多く残しつつも、進化を遂げ、その成果を生みつつある。全てとは言わないまでも、それらの考え方が、そしてその施策が、例え部分的にではあっても一般製造業やその周辺の分野にもっと広く展開されていたならば、新聞紙面の片隅に報じられた事故のいくつかは起こさなくて済んだのではないか、という思いを禁じ得ないのである。

　それらについて、筆者がその多くを語ることは到底できないが、拙い表現力のできる範囲で、その考え方の導入部や、検証し身に着けるべき取り組み事例の一部を示すことによって、規模の大小を問わず製造現場の安全レベルの向上に、何よりも事故防止に、痛い思いの回避に、そして結果として製造業に携わる多くの方々の幸せに少しでも役に立つことができればとの思いから、我が身の浅学を省みず本書を著した次第である。本書が製造現場の安全の確立に心を砕く関係各位に多少なりとも参考にして頂けたなら、望外の喜びである。

　本書は全8章からなる。1章では製造現場が持つべき基本情報について述べ、2章から4章ではどうしたら事故になるかについて人間の心理、プロセス事故、労働災害の視点から整理してみた。5章、6章では事故が起きる前に気づくために何を身に着けるか、それをどう教育するか、そして存在するリスクにどう対処するかについて整理し、7章では事故が起きない現場をどう作っていくかについて、安全文化の視点も交えながら解説した。8章は本書のまとめとして、事故を起こさない現場、即ち常に気づく力が発揮されており、その気づきを共有できている現場のあり姿を描いたつもりである。

詳しくはそれぞれの専門書に譲るが、ちょっとした言葉の簡単な解説をコラムとしていくつか挿入した。また、本書の趣旨とは必ずしも一致するわけではないが、関連する心構えや考え方を諸先輩から教えられた筆者自身の拙い経験のいくつかを、コーヒーブレイクとして配置してある。少し先輩の経験談として眺めて頂ければ幸いである。

　最後に本書の刊行に当たり、本文に明快なイメージを添えて頂いたイラストレーターの小林恵子氏、まだまだ取り組み初期の段階であることを認識の上で５Ｓ関係の現場写真の掲載を快くご了解頂いたコスモ石油株式会社、編集過程で多大なご尽力を頂いた株式会社化学工業日報社の安永俊一取締役営業企画本部長、出版・調査グループ増井靖氏に厚く御礼申し上げる。

2018年12月

荒井 保和

目　次

第1章

製造現場に必要な
情報・文書

1 プロセス情報

　製造現場で働くあなたは、自分の現場が何を作っているのか、それはどうお客様に使って頂くのか、どのように役に立てて頂くのかは知っている。食品工場であれば、最終的には人の口に入るものを作っているし、石油精製に関わっているのであれば、自動車や船舶、発電機を動かすことで世の中の役に立っている。最終消費製品ではなく、原材料や補助資材であっても、医薬の原料なのか、包装材料や衣料なのか、あるいは社会インフラを支える工業資材なのかは、理解しているはずであり、その製品スペックはお客様との間で決められていて、製造現場はそれをきちんと守って製造に取り組んでいるはずである。

　ところが、意外に多くの現場マンが、正しくそれを説明できない事態に遭遇することがある。

「フィルムを作っています。」

「何に使われるフィルムですか？」

「食品包材だと思いますが、正しくは…」

「どんな食品に？」

「いろいろだと思いますが…。詳しくは分かりません。」

知らされていないのかも知れないが、できればこんな答えは聞きたくない。

「この製品の主な用途は何ですか？」

「○○食品の乳児用粉ミルクの内部包材が中心です。」

「それだとクリーン度管理が厳しいですよね。」

「お客さまの方でも、最終的には再度洗浄工程があるそうで、うちとの取引スペックもそれを前提に決められていますが、最終製

品が製品だけに、我々も万に一つも異物がないように気を使っています。例えば…」

このくらいは自分の現場の製品について理解して、日々の作業をして欲しいのである。

　指示された通りに原料を調合し、指示された条件で製造しているのだからそれでいいじゃないか、といった受け身の姿勢で、単に仕事を流しているとか、処理しているとかいった雰囲気の現場からは、決して良い製品は出てこないだろう。なぜなら、製造工程に向き合う際のそのような緊張感の欠如は、いつもと違う何か、おかしい何かに気づくこともできず、ミスや不具合そして品質不良の発生の可能性も上がってくるのが一般的だからである。

　自分の現場では「何を作るのか」「どう作るのか」「誰にどう使われるのか」「どんな品質レベルが要求されているのか」「世の中にどう役立つのか」といった基本的事項を理解して作業に臨むことが望まれる。そして、そういった基本的な理解が、心のこもった製品を作ることに繋がる。

2 製造現場に潜む危険性

　全国で 1,300 万人が関わっている製造業、その現場には数多くの危険源が潜んでおり、およそ年間 2 万 5,000 人が傷つき、百数十名の方が尊い命を落としている。高温、低温、高圧、低圧（真空）、高電圧、高速移動といった様々な製造条件に関わるもの、複雑な、狭隘個所での、高所での、そして場内移動でといった操作・作業に関わるもの、毒性、腐食性、窒息性、可燃性、爆発性、重量物といった取り扱い物質に関わるものなど、気を抜けば痛い思いをさせられる、場合によっては命に関わる事柄の枚挙にはいとまがない。これらは自分の身にふりかかるものであるだけに、運転員はもちろん、新入社員であろうが、工事関係者のように一時的に現場に入る者であろうが、それぞれの立ち入る目的による温度差はあるにせよ、確認し、知っておかなければならない身を守るための情報である。

　安全の確保のために極めて重要な情報であるだけに、入構者教育や事前教育、安全打ち合わせなどで現場の状態や状況、安全配慮事項等が確認されているのが普通であるが、意外に杜撰な状態にある例も見かける。例えば、午後から運転レートの変更が予定されているのにそれが工事関係者には伝えられていなかったり、作業や工事個所直近の状態については略落ちなく情報が伝達されていても、少し離れた個所や、上部階や下方の状況までは十分に伝えられていなかったり、長年の慣れから作業者自身に、知ってはいてもその危険性に対する恐れが薄まっていたりすることがある。

　個々の作業、個々の工事個所に対する危険性の整理・確認が十

分になされるためにも、こういったその現場の持つ基本的リスクについて常に整理がなされていることが必要だし、特に新規に、あるいは一時的に外部から入る者には、取り扱い物質の持つ危険性、現在の運転状況と直近の変動の可能性、立入箇所周辺の状況等を最新のデータに基づき周知がなされることが必要である。

取り扱い物質の毒性、危険性、そして生産工程の持つ危険性など、その現場の持つ基本的な危険性については、常に最新の情報を整理し、関係者に漏れなく知らしめる仕組みができていることが必要である。

コラム1　「労働災害にまつわるある比率」
－知っていること、聞いていることの重要さ－

23% … 休業4日以上の死傷労働災害のうち、無知、未経験が原因である割合。もう少し詳しく、丁寧に状況を認識していれば痛い思いをしなくて済んだはずである。

43% … 死傷病者数のうち、経験3年未満の労働者数。経験期間が短く、危険に対する感受性が低い未熟練労働者は熟練労働者に比べ被災率が高い。作業内容や安全衛生に関する教育の重要さが示唆される。

27% … 死亡労働災害のうち、その現場に入場した初日に発生した割合。知らない、勝手がわからないということの怖さを表している。それほど働く場所の状況を知っておくことは重要なことなのである。

　図1は平成29年度の業種別死傷災害発生状況である[1]。全産業で12万人強が休業日数4日以上の傷害を負っている。このうち製造業は2万6,000人強を占め、陸上貨物輸送業、建設業に次いで高い強度率を示している。この値は通常安全成績の指標として用いられる休業度数率にすると略1.0になる。即ち各事業所で休業度数率が1.0以上の事業所はこの数値で見る限り業界平均を上回っている、即ち安全成績が低位にあることになる。

　休業度数率＝100万時間当たりの労働災害による死傷者数
　　　　　　＝（労働災害による死傷者数／述べ労働時間）×100万時間

　図1より主要な業種の型別発生状況を表したのが表1であり、製造業では圧倒的に挟まれ・巻き込まれによるものが多い。機械や重量物に挟まれたり、回転体やベルトコンベア、そしてフィルムやシートな

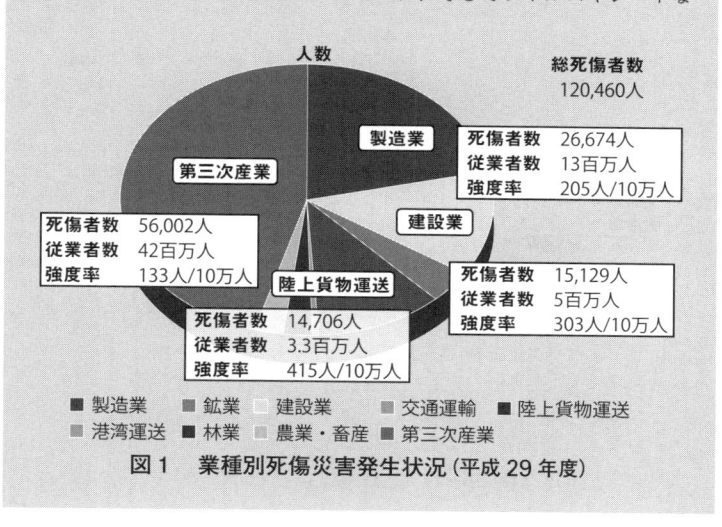

図1　業種別死傷災害発生状況（平成29年度）

表1　主要業種の型別死傷災害発生状況（平成 29 年度）

	転落・墜落	転倒	挟まれ・巻き込まれ	交通事故	無理な動作
製造業	2,842	5,088	7,159	313	2,433
建設業	5,163	1,573	1,663	587	880
交通運輸	4,454	2,944	1,753	2,058	2,777
第三次産業	7,915	18,705	3,954	5,025	10,087

ど帯状のものに巻き込まれたりする事故が多いことが分かる。

　また、表1で建設業に転落・墜落が多いのは業容から理解し易いが、交通運輸でやはり転落・墜落が多いことが意外な感じがする。その多くが荷役作業時の荷台からの転落、ローリーの上部ハッチ部分からの転落であり、製造現場のすぐ近傍でこのような災害が頻発しているこ

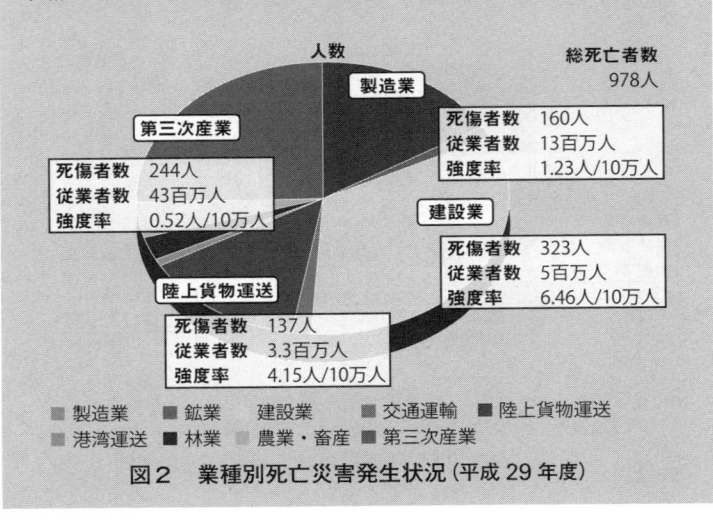

図2　業種別死亡災害発生状況（平成 29 年度）

表2　主要業種の型別死亡災害発生状況（平成 29 年度）

	墜落・転落	崩壊・倒壊	激突され	挟まれ・巻き込まれ	交通事故
製造業	28	9	16	51	10
建設業	135	28	23	28	51
交通運輸	20	8	6	21	68
第三次産業	75	12	38	40	85

とも記憶に留めておいて欲しい。

　図 2 は業種別の死亡災害発生状況、表 2 は主要業種の型別死亡災害発生状況である。製造業で年間 200 人近くの命が奪われており、ここでも挟まれ・巻き込まれが多数を占めている。

　なお、蛇足であるが、よく新聞紙面を賑わす火災・爆発による死傷者数はここでは出てこない。これは通常多くても年間数名の死亡者数だからである。人の命に軽重はないが、社会に与える不安等の影響の大きさやニュースバリューからこの種の事故は大きく報道されるのが常である。もちろん爆発や火災も起こしてはならないが、実際には製造現場の周辺では表 2 に示すような災害が多くの人命を奪っていることを改めて認識し、それらに対する注意、意識を高めていくことも我々には求められている。

3 設備情報

　製造業の生産は多かれ少なかれ何らかの設備を使って行われる。生産品目により職人の名人芸のような道具のレベルのものもあれば、極少数の機械を使っての町工場的なもの、そして製鉄や石油精製のように、大規模な装置を多数の人間が手分けして運転するものまで多岐にわたっているが、本書では主として石油、石油化学や樹脂製造などのいわゆる装置産業と呼ばれる分野について、以下に解説する。

＊　　　＊　　　＊　　　＊

　比較的小規模の生産現場で何らかの不具合や事故が起きた時、得てして生産工程を示す文書や図面が不足している事態が見られることが多い。

　ある工場で成分異常の品質トラブルが起きた時のこと。

「この工程のフローはどうなっていますか？　本来無いはずの成分はどこから流入したのでしょう？」

「これがこの装置を購入した時のフロー図ですが、その後いろいろ改良や改造を加え、現時点この図面はあまり当てになりません。助剤の添加個所も何カ所か増やしていますし…。」

「現状を示したフローシートはないのですか？」

「現場に流体名等は表示してありますし、現場の者は理解していますが、工場としての現況を示した図面はありません。」

「それじゃあ、作業指示はどうやってするんですか？　作業手順の指示やルールはどのように明示するんですか？」

「当日の生産銘柄を指示すれば、あとは現場作業長がベテランですから任せています。手順も彼らは理解しています。」

　これでは不具合の原因分析も再発防止策も立てようがない。ある処方の製品を作る時に、その操作手順はどうするのか、どの設備をどう活用するのか、それらをどう接続するのか、ライン洗浄はどこから行うのか等々、それらが全て現場のベテランの腕に任せられてしまっていては、起きた現象を順序立てて把握することもできない。このような事態はそこそこの規模の工場でも意外に多く起こっている。これでは正しいライン設定などの作業手順の共有も難しいし、開放作業をする時に、内容物との接触を回避するためにどこを閉止したり縁切りしたり、そして洗浄すれば良いのかといった安全措置も、トラブルの際の原因追及もままならない。より効率的な操作方法の検討や検証も困難なのは明白である。にもかかわらず、日々の生産が一応順調に行き始めると、往々にしてこのように現場任せになっているケースが多い。作業計画、作業指示、リスク検証、トラブル解析などでは、その工程のフロー、設備仕様、保全状況など、生産施設の最新の状況が正しく示された文書が必須なのである。

　結局、上記品質トラブルは、明解な原因が追求しきれず、最初からもう一度やり直すこととなったが、後日同じトラブルを再発させている。何度かそんな痛い目に遭って、やっと現状のプロセスを図面化する動きが芽生え、年オーダーの時間をかけて、フローシートの図面化や最新の設備仕様整理が進められ、それらが作業計画や、設備の改善検討、工事の安全対策にも有効であることの認識が深まり、同種の品質トラブルは絶滅された。

　設備図面も同じである。トラブルが起きて設備の点検をしてみたら、図面と現状が異なっていたとか、作業に着手してから想定外の部分が出てきたりしては、安心して作業に掛かれないし、予

備品や交換部品などの準備の段取りもおかしくなってしまう。装置や設備の構造図、電装品の回路図等設備仕様の「現状」が正しく示された図面や、これまでの履歴を含む保全情報も最新のものが整理されていることが、現場でミスのない安定生産を行うための必須の条件なのである。フロー図にたった一カ所の小径連絡配管が抜けていたために、この小径管から高圧流体が流れ込み、流入先が噴破し、尊い命を失った事故事例もある。

　フローシート、設備仕様書などの製造施設を表す図書類は現状を正しく表記されたものが備えられていることが、安全運転、安定生産のための前提といえる。改造、修理、合理化、増強・更新等によってなされた、あるいは必要となった設備の変更や現場の各種要件の変更は遅滞なくこれらに反映し、関係者間で周知、共有することが大切である。
（コラム 3「変更管理」参照）

4 作業手順書

　もう一つ、製造に関わる重要な文書が作業手順書である。多くの人が関わる装置産業の手順書は、関係する誰が担当しても正しい操作ができなければならないにもかかわらず、時にそれらの手順が明確に文書化されていないことが見受けられる。手順に個人差があるため、不具合や事故が起きてから、どんな手順でどうやって作業をしていたのかが作業をしていた当事者しか分からなかったり、作業を指示した管理部門や事務所がその作業実態を理解していなかったりして、不具合の原因究明や事故の再発防止の検討が容易に進まない、不具合が起きて初めて作業手順の整理や確認が始められるといったことも見られる。さすがに大企業の工場ではこんなことはあまり見かけないが、それでも、作業手順の細部の見落としが、漏洩事故やそれに起因する大事故に繋がった例もある。多くの人が関わり、複雑な手順を扱う装置であればあるほど、この作業手順書は厳密な正しさが求められるのであって、そこには十分なリスク管理意識が働いていなければならない。そして、もしこの手順を間違えた時にどうなるか、もしこの自動弁が動かなかったら何が起きるかといったリスク評価がなされ、必要な場合は手順の見直し、インターロックやフェールセーフ機構の整備などの対策まで考えて欲しいのである。

　更に作業手順書についてもう一つ大切なことを付記しておく。一般的に作業手順書には「こうすれば上手くいく」「この順番で操作する」ということは書いてあるが、『なぜこの手順なのか』『手順を変えてはなぜいけないのか』といった作業のノウホワイは書かれていない。現場には様々な状況の変化もある。作業手順書の

通り作業することは大原則であるものの、その意味や、背景、なぜその手順なのか等を理解していないと、絶対に間違えてはいけない作業の意味、ある作業の影響度の識別ができず、結果的に操作や処置の的確さを欠くことにもなりかねない。作業手順書を単なるマニュアルとして読み、理解するのではなく、その背景にあるもの、書かれている意味合い、そこに至った経緯など、行間までを読み取り理解する姿勢が望まれる。

　　複数の人間が共同作業を行う製造現場では作業手順書が整備され、誰もが決められた手順通りに作業ができる体制が整っていることが重要である。そしてこの手順書もまた、生産品種、製造品質、設備仕様の変更などを都度反映した最新のものが管理され、関係者間で周知、共有されていることが大切である。

　　また作業手順書を単なる手順として位置付けるだけではなく、先人の経験に裏打ちされている背景、意味付けなどを理解すべく、行間を読み込み、理解することも必要である。

　産業事故の原因や背景に、多くのケースで運転条件や設備の変更や起動、停止など通常とは異なった一時的な措置が関連していることが多い。それは今まで安定して稼働していたプラントに変化を与えたわけであるから、そこに何らかの反応、リアクションがあるのは当然なのにもかかわらず、それに対する対応が十分でなかったことの証左でもある。従って、製造に関わる変更や臨時措置は、その変更によって新たに生じたり、増大したりするかもしれないリスクを十分に検証し、対応策を講じることが必要である。このように変更による影響の評価、その回避策等の組織としての認識と共有、そして変更後の結果を文書や図面で残し、変更後も安全・安定運転を継続することが変更管理なのである。

　設備の構造変更で摩耗部位が変わることを読み切れず減肉により噴破させ火災を起こした例、運転方案の変更を口頭で済ませ、正式な文書としなかったために操作の共通認識ができず事故を拡大した例、長期間にわたる原料の変遷によって少しずつ変化してきた微量成分の影響による腐食速度の上昇を予知できず設備損壊、火災に繋がった例、整備の繁忙期に他課から派遣された応援者に十分な打ち合わせができないまま作業を任せ、作業環境の認識違いから設備事故を起こした例など、変更管理のミスによるトラブル事例は無数にある。ここで示した代表的な事例がそうであるように、いわゆる4M（設備、方法、原材料、人）の変更や、常時とは異なる一時的措置があった場合にはその変更がどんな影響を与えるか、そのリスクについて十分に検証し対応策をとらなければならない。そしてその変更と、変更管理の履歴を整理し、文書化しておくことが、現場の生きた技術力の蓄積になるのである。

　変更や臨時措置は、第5章2節で示されるスイスチーズモデルの安全フィルターが、欠落したり、回転したり、開口部の大きさが変わったりすることと考えると理解し易い。

　人間が無意識のうちに本来してはいけないことをした場合でも、事故にならないように設備を設計する概念がフールプルーフ（fool proof）、何らかの事由により設備が故障した際に、必ず安全サイドに停止するように設計する概念がフェールセーフ（fail safe）である。

　前者の例では扉を閉めないと起動しない電子レンジ、ブレーキを踏み込んでいないと起動しない自動車のエンジン、工場の事例ではその昔ワークをセットして、手を抜く前にプレス機を作動させ手を挟まれる事故が多発したことを受け、現在ではプレス機は両手で同時にボタンを押して初めて稼働させることが当たり前になっていることなどがある。

　後者では地震等で転倒すれば自動的に火が消えるファンヒーター、鉄道の自動停止装置（ＡＴＳ）などがある。工場では過電流を検知した場合に電流を遮断する遮断器、作動源である電源や圧縮空気が喪失した際に、予め決められた停止位置で停止する自動弁等がある。安全弁、予備機の自動起動システム等もフェールセーフの一種ともいえるが、いずれにせよこういった人間のミスや、設備の思わぬ故障を事故とせずにガードする施策も、安全確保のためには重要な概念である。

5 関連法規

　製造現場には従事者の安全、製品の安全、公共の安全や環境保全、商取引の適正化などを目的とする様々な法規による規制が掛けられている。消防法、高圧ガス保安法、労働安全衛生法、大気汚染防止法、水質汚濁防止法など製造プロセスや製造設備に深く関わるためよく耳にする比較的身近な法令の他にも、工場建屋には建築基準法、港からの入出荷があれば港湾法、工場から排出される廃棄物に関わる廃棄物の処理及び清掃に関わる法律、用役に関わる電気事業法、河川法や工業用水法、取引の適正化に関わる計量法、製品が食品や医薬品に繋がる場合には食品衛生法や医薬品、医療機器等の品質、有効性及び安全性の確保に関する法律（略して薬機法　旧薬事法）など実に様々な法令が関係してくる。その要求事項も、作業従事者の資格保有があれば良いもの、届け出だけで済むもの、検査等を通しての許可・認可を要する案件など幅が広い。いずれにせよ、知っていようがいまいが、悪意であろうがなかろうが、ひとたび法令で規制されているものに抵触した場合には最悪製造停止命令を受けたり、改善命令に対処しその承認を得るまで操業の再開ができなかったりという事態も起こり得る。従って、工場は関連する法令というものに、敏感でなければならない。工場として操業、業務形態、取り扱い物質や取り扱い方法、製品に関連する法令について、その対応に遺漏がないかを網羅的に見ておく必要がある。上に「旧薬事法」と記した法律も比較的最近、2014年に大幅な改正がなされているし、各法令とも小さな改正は日常的になされている。告知期間があるとはいえ、施行されればいずれも違反は許されないのが法令である。そして

それは一歩間違えれば上述のように操業に甚大な影響を与えることや、最悪の場合には事業の継続にも影響を与えかねないものであることを、工場関係者は正しく認識しておく必要がある。

　届け出等に遺漏がないこと、設備管理状況、操業状況等が法令で規定されている状態に維持管理されていることは工場の責任であるが、時にこれらの証左となる届け出の控えや許認可証などの書類の維持管理が行き届いておらず、変更申請や追加申請、定期立入検査などに際しトラブルや膨大な手間暇を要したという話を聞く。一見地味ではあるが、こういった関係書類、裏付け書類の整理・管理もまた大変重要な業務という認識を深めて頂きたい。

　最近はコンプライアンス意識が高まり、法令の誠実な遵守は経営、即ち工場操業の大前提であることがより強く意識される時代になった。数多くの法令や規制に関わるだけに、時に規制の適否に疑義が生じたり、最悪の場合には法令手続きの遺漏に事後気づいたりすることもあり得る。このような時に、決して自分たちに都合の良い勝手な判断をしないこと、真摯に、正直に、所管官庁と相談し、指示を仰ごうとする姿勢も、工場には大切な姿勢である。許容範囲内か、善意であったか、虚偽の意識があったかなどは、外部が行う判断であり、自分たちが決めることではないということを肝に銘じておいて欲しい。済んでしまったことの責任は取らなければならないが、官庁もこちらの姿勢は受け止めてくれるはずである。そのためにも、日頃から所管官庁とのコミュニケーションの維持も大切であることを、改めて認識しておくべきである。

　工場経営は多数の法令に囲まれている。これは社会の安全のための規制という面と、事業の健全な発展のための保護という面があるともいえる。いずれにせよ、法令は厳密に遵守することが大前提であるが、法令で定められていることは最低限の事項であり、事業者には必要に応じてそれ以上の施策を行うことによって安全の確保や環境保護に資することも求められている。

　また昨今、この種の問題に対する社会の目は大変厳しさを増しており、危機管理の面からも、企業としてそのアンテナ感度を高めておくことが望まれる。

第2章

事故はなぜ起きる
（事故に繋がる人間の心理）

　「天国に行くのに最も有効な方法は、地獄に行く道を熟知することである」という中世西欧の思想家の言葉を耳にした時、「事故を起こさずに済む最も有効な方法は、事故に繋がる過程を知っていること、即ち事故を起こせる知恵があること」ではないかと日頃思っていた筆者は、その思いを一層強くした記憶がある。ここから数章は事故を知る、即ちやや不謹慎ではあるがどうしたら事故を起こせるかという知恵を持つことが事故を防ぐことになるという視点から、事故というものを整理していく。

　誰も事故を起こそうと思っているわけではないのに事故は撲滅できていない。そして、事故の原因を調べていくと必ず人間の思い至らなかったことや、ちょっとした間違いがあったことに行きつく。ここでは、先ずそういった人間活動や人知の限界について、いくつかのパターンを整理してみる。

1 教えられたことを忘れた

　モノづくりには手順がある。製造設備には動かすための順序があり、その操作一つひとつに定められた方法がある。現場に配属された者は先輩の現地指導で、マニュアルで、あるいは教育課程でそれらを段々に身に着けていき、やがて一人前のレベルに到達する。常に教えられた通り、正しい手順でそれができれば操作ミスは起きないのだが、現場の操作は例えば反応槽液量調整、加熱炉点火といった操作項目だけで数十から数百、それら一つひとつを構成する弁の開閉や指示計の確認といった細かなものまで数えればその手順は何千とあるのが普通である。これらを「マニュアル通り進める」という思いだけで実行するのは困難と言わざるを

得ない。なぜなら人間は忘れる動物だからである。膨大な手順の中のたった一つの弁閉止を失念したために大量漏洩に繋がったり、火災を起こしたり、尊い人命を失ったりした事例は残念ながら数多くある。

　ではどうすれば手順を間違ったり忘れたりしなくて済むのだろうか。その第一のポイントはマニュアルを順番通りに丸暗記するのではなく、なぜこの次はこれなのか、なぜこの操作を済ませなければ次に進んではいけないのかといった手順の意味、ノウホワイを考えながら学び、考えながら操作を行うことである。もちろん現場への手順表示、手順を示したチェックシートを用いて、一つずつ確認しながら進める方法や、二人作業にすることなど、ちょっとしたミスや勘違いを防ぐ手立てはいろいろあるが、本来の姿は操作の意味を理解した作業者がその作業の目的や、手順の意味を考えながら進めることなのである。手順が多く、複雑なものや、安定運転への影響が極めて大きな部分については、シーケンス回路やプログラム化された運転支援システムにより自動的に工程が進むように設備が設計されていることも多いが、だからといって機械任せで良いという考え方にはなって欲しくない。そんなことはないかもしれないが、もし自動システムが不調だったら、手はかかるかもしれないが手動でできるくらいの、プロセスに関する知識を持っていて欲しいのである。

忘れないように努めることはもちろん必要だが、常に「自分も忘れるかもしれない」「間違えるかもしれない」といった警戒心、あるいは恐れを持って仕事に当たらなければならない。

一つひとつの手順を確実に実行するためには、その作業の目的や意味を理解し、注意深く進めることが肝要である。そのためには指差呼称の実行や、チェックリストなどの活用も役に立つ。

2 指示に従わなかった

　チームで行う業務は指揮者からの指示を全員が理解し、その指示通り実行することが必須である。計画通り作業を実現するためには、それぞれの作業が指揮者の意図通りに進まなくては話にならない。ところが誰か一人でもこの指示通りに動かなかった場合には混乱が生じることになる。計画とは違った作業により設備の状況や操作手順が、指揮者が意図し、全員で共有されていた内容と違ってくるからで、こういった運転における行き違いや混乱は、安全の面でも、製造品質の面でも致命的である。

　普段は一人で行う作業が、臨時作業で組み込まれ、次工程がいつもとは違うため、二人作業と指示された。ところがベテランの一人が「いつも一人でやっている作業だし、俺は慣れているから。」と一人で独断で着手し、その終了後今日はいつもとは違う手順の指示が出ていたにも関わらず普段行う次の作業に取りかかってしまった。結果、いつもは閉止してある放出弁が開放されていたためそこから有害ガスが漏洩し、周辺の工事関係者が吸引、被災するという事故になった例がある。こういった指示に従わないというミスは特にその現場、作業に慣れたベテランが起こすことが多い。慣れていようと、普段は一人で行う簡単な作業であろうと、現場で発せられた作業指示は厳格に順守しないと、このような事故やトラブルに繋がる。もしも、指示がおかしいと感じたり、こうした方がいいと思ったりした場合には、事前に提言し、相談しなければならない。そして、ひとたび結論が出て、最終的な指示となった場合には、これを厳守することが現場作業の鉄則である。

　現場では不言実行や、唯我独尊、俺はベテランだといった驕り

は許されない。なぜなら、そこはある意味命を懸けて戦う軍隊の最前線と同じともいえるからである。

　指示に従わないことではないが、作業を開始して、想定外の状況が認められた時、あるいは予定通りの作業ができない場合は、先に進んではいけない。勝手な判断で進むのではなく、作業を一時中断しなければならない。指示の前提が何かおかしいか、設備やプロセスの状況が認識しているものとは異なっていることが考えられるからであり、もう一度関係者で状況を検証し、作業の的確さと安全性を確認する必要があるからである。

**　現場作業では指揮者から出た指示は厳守しなければならない。おかしいと思ったら事前に相談し、納得できるまで確認しなければならない。そして着手後に想定とは異なる状況が確認された場合には、作業を中断して方法等を再検討する必要がある。現場では不言実行、俺はベテランといった驕りは禁物である。**

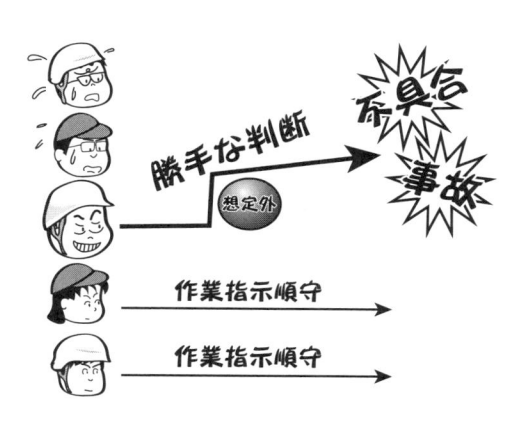

持ち場を忘れた大失敗

　大きなプラントの建設プロジェクトの主担当者として張り切っていた頃の出来事。

　それはその工場でこれまでにない大型コンプレッサーの試運転を迎えた時のことである。基本性能の設計、仕様の決定から発注、メーカーとの折衝と納期管理も中心となって担当していたこともあり、その初めての現地試運転に、緊張の中にも高揚した気分でそのコンプレッサー室に赴いていた。関係者が揃い、いよいよ試運転開始という段階で、上司から「お前がスイッチに立ち、起動スイッチを入れろ。」との指示を受けた。

　恐る恐る、それでも晴れがましい気持ちでスイッチを投入。徐々に軽快な音を立てながら、ローターが回転を上げていく。やがて所定回転数まで上がった頃、若い担当から私に、「第2軸受けの振動値が少し高いのですが。」との報告が入る。直前の最終アライメントで調整にやや苦労した箇所であったため、「やはり…」との思いから、担当から簡易振動計を取り上げ、自分で確認に向かった。確かに少し高い。では第3軸受けはどうだろう。もしアライメントの問題ならば、第3軸受けの振動は水平方向に高いはずだが…。などと考えながら第3軸受けの振動も測定したが、こちらは高くない。それならばこの第2軸受けの振動は、全体の温度バランスが静定すれば収まるな…。と判断し、ついでに第1軸受け、第4軸受け、駆動機軸受け、基礎、吐出ライン…と振動値が想定値とずれが無いことを確認。そうこうしているうちに問題だった第2軸受けの振動も落ち着き、2、3時間の予定であった試運転を終了させた。

　大型機の試運転を無事終えて、ある意味意気揚々と事務所に戻った時に、私を待っていたのは上司の、それも厳しい叱声であった。「何が怒られることなの？」と訝しがる私が、上司から言われたのは以下のこ

とであった。

　「僕は君にスイッチの横に立て。と言ったはずだ。それは何が起きるか分からない試運転で、万一の時にはスイッチを切るという判断、任務も君に与えたつもりであった。それなのに君が、若い担当でもできる振動測定なんかを始めてスイッチを離れてしまった。もしその間に何かあったらどうするのだ。仕方が無いから僕がスイッチに張り付いていたのだ。」

　正にぐうの音も出ない正論である。それぞれの持ち場、担当業務とその責任、それを忘れて勝手な思いや判断で行動することは、組織人として絶対にやってはいけないということを、改めて骨身に浸みて分からせてもらった、若き時代の私の大失敗であった。

3 そんなこと知らなかった

　今日の保安、安全の再確認のきっかけとなったここ数年間に起きた化学工場の大きな事故では、詳細な事故原因の解析から、現場作業員の知識不足、経験不足に本質的な弱点があることが浮き彫りになった。自分たちが扱うプロセスや原材料が潜在的に持つ危険性や異常反応の可能性に対する知識の欠如、現行プロセスの緊急停止に関わる設計思想の解釈不足、変更管理の徹底や周知の不備、そして不十分な教育、ルールの本当の意味の理解不足などが、起こさなくて済んだ大事故を誘発している。現場やその管理部門がもう少し深く考え、取り組みの徹底度を高めていれば、といった残念な事例が多数認められるのである。ルールや作業手順の意味、背景、そして設備・装置の設計思想、運転要領（操作マニュアル）などがきちんと教育され、伝承され、理解されていることが現場の安全確保の前提なのであるが、これらは本人の研鑽も重要であるものの、管理層の要員育成の考え方、育成の手法に、より本質的な問題があると考えるべきである。前節でも述べたが、ルールの本質的な狙いやその意味の理解の度合いが、そのルールを順守する姿勢に影響を与える。事故やトラブルが起きてから初めて「回りくどいこの手順は、そういう意味だったのか。」とか「この作業要領の意味はこうだったのか。」などと気がついても遅いのである。

　また、基本的に知ってはいたけれど、実際の現場でその理屈に結びつけて考えるまで知恵が回らなかった例も多い。耐震設計荷重をはるかに超えている満水状態で地震に遭ったら、耐震強度が足りるはずがない、負荷が下がった蒸留塔で炊き上げスチーム量だけを増やしたら登頂の温度が上がるのが必然だし、内部液冷却

のための液循環を止めたら局部的に温度が上がるのは当然である。後から考えれば当たり前のそれらのことが、「知ってはいたけれど、気がつかなかった。」「そこまで思いつかなかった。」というのが実際に起きた事例である。

　現場における様々な現象はあくまでも原理原則に即して動いている。静置された液体を上部（水面）から温めても全体の温度が上がることはない。比重の小さな液体は水に浮くけれど、大きな液体は水に沈む。高圧は低圧になろうと出口を探している。そんな原理原則は誰でも知っている基本的なことであるが、複雑なプラントの中でもその原則は同じように生きている。でも、それを一時的に失念した結果、事故に至ったケースも多い。それを忘れないこと、現場では必ず科学的原理原則が生きていることを念頭に置くことが「思いつかなかった。気づかなかった。」と悔やむことを防ぐことになる。

　事故やトラブルが起きてから「知らなかった」「気づかなかった」と言わないために、ルールや操作を原理原則で確認する習慣を持ちたい。また、事故やトラブルを経験した時、他社の事例を耳にした時「この事象について僕らは正しく勉強しているか？」「今まで気づいていなかった事象はではないか？」という視点を常に持つように心掛けたい。

　管理部門は現場で的確な運転操作の実施ができる教育とともに、なぜそうするのか、なぜそうしてはいけないのかといったノウホワイを考える機会を与えるよう考えて頂きたい。あわせて、現場では原理原則通りの事象しか起きないことを、一人ひとりが今一度、強く認識することが必要である。

---

4 知っていたけれど大丈夫だと思った

　これは、たまたまその時だけ忘れてしまったとか、無意識のうちにルール通りしなかったといった性善説的なうっかりミスとは違い、あまり性質の良くない、でもやってしまいがちな行為である。きつい言い方をすれば悪意とも、ルール無視の近道行為とも、確信犯的行為と言っても良い。この多くの事例で事故後に聞かれる言い訳は、

「ルールと違っていることは知っていたが、この方法で大丈夫だと思った。」

「いつもこの手順でやっていた。ルールとは違うような気もしていたが気にかけなかった。」

「これまで何度もこの方法でやってきた。ルールの方が過剰だと思っていた。」

「ちょっと手すりに足を掛ければ届くスイッチなのに、わざわざ大回りして上のフロアに行って操作するなんて面倒くさかった。」
といった、「これまで大丈夫だった」「このくらいはベテランの俺なら大丈夫」といった勝手な自己判断、「これくらいは大丈夫」「面倒くさい」といった慢心と怠け心である。人間誰しも楽をしたいし、慣れてくるに従いその仕事の難易度、コツといった要領も分かってくるので自分勝手な自分流の方法、手順で仕事をしてしまいがちである。ところがこれが怖い。日頃は意識していないが、ルールにはその目的がある。そして、それは多くの場合、過去の失敗の再発防止策も織り込まれている。だからそのルールの裏にはかなり近いところに危険の芽が隠れているのであるが、何もなかった長い時間と慣れがそれをついつい忘れさせてしまう。その

結果、直接原因が人間系にあった事故の多くがこの近道行為、分かっていてやったルールの不順守に端を発している。

　ある事業所で、ルール無視の重大なヒヤリハットが起きた反省から、現場運転員全員で正直に「普段自分たちがやってしまっているルール無視や近道行為の拾い上げ」を行ったところ、数十件の項目が出た。これに注目した管理部門が全製造部門に同じような抽出を求めたところ、各製造部門でも同じような件数が抽出された。そのうち約半数が正しく手抜き、ルール無視であった一方で、マニュアルには書いてあるものの、配管の上に登らないと操作できない作業であったり、手すりから身を乗り出してやっと届く操作点であったりといった、設備の状況が操作指示に即しているとは言い難いものも多く見られた。少し無理して手を伸ばせばなんとか届く操作点なのに、わざわざ一度地上に降り、そしてまた別の階段から上部階まで登って行う、とマニュアルに規定されている操作が作業者として歓迎できる作業かどうか、そこまで実態に配慮したマニュアルにはなっていないことも分かってきたし、管理部門が現場操作についてこういった点まで把握できていなかったという反省点も浮かび上がってきた。

　近道行為、ルール無視は断じて許されるべきものではないが、これらのことから、作業をする人間が受け入れ易いルールでないと、忘れ易く、楽をしたく、そして決まりを守らなくても自分ならできると思いがちな人間にとって、つい脇道に行ってしまうような構図が、広く現場にあることが示唆された。先の事業所では、単純なルール無視、省略行為の撲滅を改めて職場の活動として取り上げる一方、不親切な設備仕様の改善を進めて来ている。

　事故、トラブルが起きてから直接原因がルール無視、近道行為と言うのは容易い。ルール無視、近道行為は現場では絶対にやってはいけないことである。しかし、できるだけ楽をしたい、慣れから「このくらい大丈夫」とする慢心に陥り易いといった、人間の特性から見れば、ルールと現場の実態が合っていない作業や、背景や意味が今一つ理解できないルールは、何かの弾みにルール無視になりかねない。管理部門も、現場作業者自身も、現場のルール、作業要領、作業基準を守ることはもとより、その実行の確実性を上げるための検証も継続的に行わなければならない。

　一方で、「ルール無視は自らに対する裏切り行為である」[2] との高邁な意識を現場に定着させていくのもまた製造に携わる全ての人が目指すところであろう。

5 分かっていたけどできなかった

　ルールも知っている。その意味も正しく理解している。その通りやった。でもできなかった。これは悔しい、でもそんなことが時々起こる。

　押し出し機から溶融樹脂が高温で出てくる、これを素早く冷却ロールや水槽を潜らせ、ストランドカッターまでの経路を作る作業を樹脂工場で経験した時の話。先輩の手際の良い作業振りを何度も見ていたので、僕にもできるとやらせてもらったけど、樹脂の排出スピードに負けてしまい樹脂の塊を作る羽目になった。結局、自分の要領が悪かったのであり、これを上手くやるには練習しかないことを悟った。後から聞けば、先輩も昔散々苦労してきたとのこと。身の程知らずの極みであった。樹脂の塊をロスするだけで済んだから良かったけれど、これがもし反応条件の変動からの暴走反応とか、大量漏洩に繋がる作業であれば、大きなトラブルになり兼ねなかった筆者の失敗経験である。

　新たに直を任され張り切っていたリーダーがある変更処置を若手に指示した。自分は何度も経験があるし、当然知っていると思い込み、作業の全ての説明はしなかった。しかし若手はそこまで意識が回らず、必要だった操作の一つを行うことができず、結局、漏洩そして小火を引き起こしてしまった。自分ができることは、班員みんなができると思い込んだリーダーの失敗である。

　もう一つのパターンはより一般的な状況で、行う作業に対する自分の力量の見損じである。重いものを持ちあげたり運んだりして転倒したり、腰痛を起こしたりする例である。一般的に一人で無理なく運べる重量は $15 \sim 20$ キログラムと言われている。若

いから、体力に自信があるから、といった気持ちで頑張った結果、腰痛を起こしたり、不安全な歩行で運んでいた検定用試料や物品を落として壊したりといった事象を時々耳にするが、例え善意であったり、頑張りであったにせよ、これらのことも職場に迷惑をかけることになる。

　自分のしなければならないことと、自分の力量、そして仲間や部下の力量を見極め、安全に確実に作業を実行することが大切である。

　作業に掛かる場合、自分の力量、設備の設計前提（即ち設備としての力量）を心得ておくことは大切なことである。身の程知らずや、善意ではあっても余計な頑張りが、そしてチーム構成員一人ひとりの力量の過信や思い込みが、時として思わぬトラブルや事故の原因となる。

第3章

どうしたら
事故になるかを考える
（プロセス事故）

　人の意識面から事故に繋がるパターンを見てきたが、本章では根源的には人間が管理すべき要目に還るものの、プロセス事故として設備に主眼が置かれる事象について整理してみる。

1　どうしたら漏れるのか？

　図3-1から分かるように高圧ガス事故の実に9割は漏洩である[3]。一般に言われる爆発や火災もそのほとんどの場合が漏洩した内容物に着火したり、それが爆発したりした結果であり、漏れなければ事故にはなっていない。

　広範囲に流体が拡散して環境被害を起こすのも、流体による薬

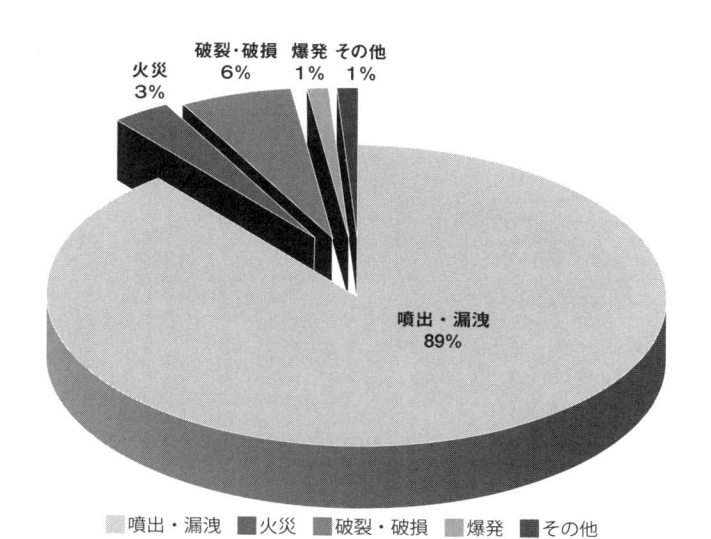

火災 3%
破裂・破損 6%
爆発 1%
その他 1%
噴出・漏洩 89%

凡例：噴出・漏洩　火災　破裂・破損　爆発　その他

出典：高圧ガス保安協会事故データベースより加工

図3-1　高圧ガス事故事象（平成23年〜28年）

傷を起こすのもそのきっかけは漏洩である。ということは異常反応、暴走反応といった特異なものを除くプロセス事故の大部分は、漏洩させなければ防げることに繋がる。一方、製造に関わる設備は基本的に内容物を保持し、反応その他の処理条件を供与するように設計されている。つまり内部環境の維持、即ち外界からの遮断は設備に求められる基本的な機能でもある。従って、その設備から漏洩するということは設計が間違っていたか、設計条件を超える状況を発生させたか、設計前提となっていた設備の維持管理が上手くいかなかったのか、そのいずれかの結果ともいえる。

　設計の段階で強度に対する検討が不十分であったり、使用材料の選定に問題があったりした設計管理不良、製作段階で溶接や組立・取り付けなどに問題があった施工管理不良、腐食や摩耗などによる構造材の劣化や、断熱材下の外面腐食の見落とし、塗装劣化の放置といった設備の維持管理不良、そして人間の操作ミスなど、漏洩に繋がるこれら原因の過半は最終的には人間の管理不足

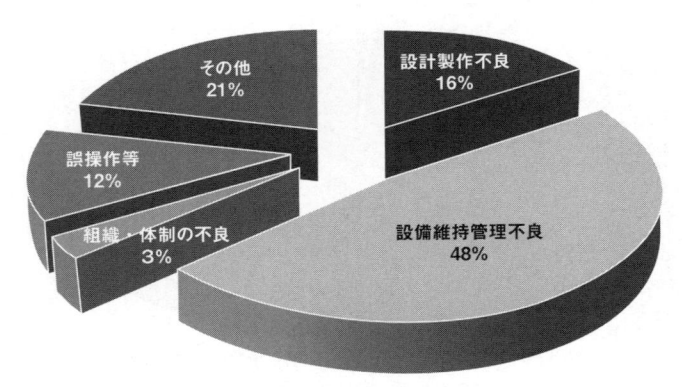

出典：高圧ガス保安協会事故データベースより加工
図 3-2　事故原因（平成 23 年～28 年）

ということができる。**図3-2**に示すように、高圧ガス事故原因
の80％は設計、製作、設備管理、誤操作誤判断など人間のミス
に関連している。

漏洩はその発生形態から三つに区分できる。一つは腐食、摩耗、
疲労などで容器本体の耐圧気密機能が失われたもの、もう一つは
フランジ等の締結部、バルブ等の開閉部そして軸封等のシール部
などもともとの開放部をシールした個所である。そして、残る一
つは液封、外部衝撃など誤操作を含む人為的な行為による設備の
破損である[4]。

ここで、それぞれの個所が漏洩に至る過程を考えてみる。逆に
それを防げば漏洩させなくて済む、即ち事故を起こさずに済むか
らである。

（1）本体からの漏洩

設備は共用すれば大小の差こそあれ必ず劣化する。これは避け
ようのない事実である。劣化してもその劣化が想定内であり、設
備としての機能（耐圧、気密、処理性能等）が維持でき、生産に支
障を来さなければそれで良いのであり、そういった設備の機能を
許容範囲内に維持することが設備管理である。理論的には、腐食、
劣化、摩耗等、その環境で起こり得る現象を網羅的に把握し、劣
化の進行を予見し、その予見に基づく適切な管理を行うことで[*]、
漏洩という異常事態を起こさずに供用を続けることができる。と
ころが様々な要因が絡み合い、今日でも本体の劣化による漏洩は
漏洩事象の約半分を占めているが、その原因は設計不良、製作不
良、劣化（腐食・振動等）管理の不良である。

＊設備管理の分野ではこれらをまとめて網羅性、予見性、管理性と称することも多い。

　ここで「どうしたら漏れるのか」という本節の主題から、特に現場担当者としても知っておくべき漏洩の事例をいくつか挙げておく。

【内面からの劣化】

①長期滞留部：スタートアップ時にだけ使うバイパス配管、常時は使用しないタンク間の連絡配管、常設予備ポンプの常用機との連絡配管、こういった配管は多くの場合使用した時の液がそのままで放置されている。本来耐食性を持った配管材料が使用されているわけだが、経時的にスラッジが析出して底部にたまり、その下部で思わぬ腐食環境を形成している場合がある。一般に使用時に比べ温度が常温まで低下していることも腐食環境の変化を来す要因になる。現場点検に当たっては、こういった流体の長期滞留個所も意識しておくことが望まれる。

②行き止まり配管：常用部分であるが、流体の主要な流れから取り残されている箇所も思わぬ腐食を生じていることがある。安

全弁や計器の取り付けノズル、ドレンノズル、ガス抜きノズル、制御弁のバイパス配管などは常用している本管から直接枝分かれしている部分であるが、ここには液の流れがない。ということは本管からの熱や新たな流体の供給が滞っている。従って、本管とは異なる腐食環境になることが時に起こることを意識しておくことも重要である。このノズル内で本来は無視できる僅かな濃度の腐食成分を含む高温ガスが冷却されて凝縮を繰り返した結果、腐食成分が濃縮され、ノズルを激しく腐食し漏洩、発災にいたった事例もある。

③内部流体の液面付近、開放時にスケールの付着が見られる箇所なども、蒸発や凝縮の繰り返しによる腐食成分の濃縮による劣化損傷が起こり易い個所である。また、やや専門的になるが、機器の溶接線とその近傍は、製作時に熱影響を受けていることから、金属特性や表面性状が特異なことも多く、劣化損傷の可能性を秘めている箇所であるということも意識しておくことが望ましい。

【外面からの劣化】

④断熱材下腐食：断熱材の中や本体との間に浸み込んだ雨水が母材を腐食し漏洩に至る事故は大変多く報告されているが、多くの事業者が検討や点検を進め最近は事象としては大分抑えられてきた感がある。この腐食の発見のポイントは(1)断熱材、特にその外装の損傷部分、(2)配管サポートや機器サポート等断熱材やその外装が切り込み加工されている箇所、(3)断熱の(外装)シールが劣化している箇所など、そこから雨水が断熱材に浸み込み湿潤環境を作りそうな個所に注意することである。浸

み込んだ雨水が母材表面を濡らし、ここで腐食環境を作ること
が進展の原因であるので、外装材の劣化個所の真下が腐食して
いるとは限らない。配管の立下り部など、断熱内部に浸透した
雨水が移動・滞留し、長期にわたり湿潤環境が継続しそうな個
所が腐食される可能性が高い。なお、湿潤環境が存在すること
が発生の条件でもあるので、母材表面温度が150℃を超える
流体では滅多に起きない現象と考えても良い。逆に使用温度が
数十度～130℃辺りの断熱施工がされた配管や機器は潜在的
にこのリスクを持っていると考えるべきである。このリスク回
避のために、温度保持が目的ではない高温配管には断熱を施工
せず、火傷防止の金網で囲う方法も採用されている。

⑤塗装劣化：ステンレス製の設備を除き、一般に鋼製の設備は風
雨に曝されて腐食することを防ぐために塗装されている。しか
し、塗装の劣化は緊急性を認識されないため、往々にして補修
が後回しになりがちである。現場担当者として塗装劣化の進ん
だ個所は漏洩のリスクが高い場所と心得て注視しておくことが
望ましい。特に配管や機器のサポート部分や構造が複雑で一見
しただけでは細部を確認できない個所、雨水が溜まり易い個所
などは要注意である。タンクヤードに敷設された地上配管が長
年の間に地面と配管底部との間に堆積した砂に埋もれ、ここで
腐食が進行して油の漏洩に至った例もある。そしてこのケース
では伸びた周囲の草が、配管の下半分が砂に埋まっていること
そのものを見難くしていたのも一因であった。

⑥塩分の影響：海岸近くの設備では次のような外食も考えておく
方が好ましい。一つは海水の塩分と吹き付ける砂塵による摩耗・
減肉であり、もう一つは塩分によるステンレス鋼の応力腐食割

れである。前者は急激に漏れに至るものではないが、筆者の経験では炭素鋼製配管の海側の肉厚減少速度が反対側の数倍以上になり、計画的な全面更新が必要になったこともある。後者はその名の通り塩分が影響し、溶接個所、配管のベンディング個所等応力が残留していた箇所に特異な割れが発生する。割れによる機械的強度の低下や、この割れが貫通すれば漏洩に繋がるなどその影響は決して侮れるものではなく、設備管理部門と連携し、このリスクを予見して設備の観察や、必要に応じて健全性確認を行うことなども考えておくべきである。なお、詳細は専門書に譲るが、ステンレス鋼の応力腐食割れは塩素イオンがあれば設備内外面に関わらず容易に起こり得る現象でもあり、現場に携わる者としては、知識としてその生成の原理と怖さを学んでおくことをお勧めする。

（2）締結部、軸封部等からの漏洩

　フランジやねじ込みの接続部は本来開口箇所であり、ここに適切なシール機構を用いることにより漏洩を防止している箇所でもある。内部圧力、温度、腐食性等の流体特性、そして開口部の形状やサイズ等から選定された適切なガスケット等のシール材とシール機構により漏洩を防いでいるのであるが、その基本的な原理は、締付力と、金属接触の緩衝材たるガスケット性状（耐食性、耐熱性、弾力性、形状追従性…）のバランスである。つまりここでのバランスが狂うこと、条件が適性値から逸脱することが漏洩に繋がる。従って、現場を預かる立場としては、このバランスの狂いがどういう時に起こるのかを知っていることは大切なことになる。以下、フランジ部からの漏洩に至るいくつかの事象について

述べる。主因は締結力の不足や変動、ガスケットの劣化や不適切
な選定などである。

①不適切な工事（1．フランジの片締め）：よく見かける例では杜撰
な工事でフランジが片締めになり、均等であるべきガスケット
の締め付けが不均一となり一部で締結力が不足したり、逆に過
大な締め付けによりガスケットが変形したり切れたりして、こ
こから漏れるケースである。フランジは適切な締付力で、各方
位とも均等に締め付けなければならない。大口径フランジや漏
洩し易い流体のフランジでは締め付けのトルク管理を行い締付
力の精度向上が図られることが多い。

②不適切な工事（2．ガスケットの取り付けミス）：ガスケットは内
圧や流体によって様々な形式が選ばれる。この選定はもちろん
重要であるが、比較的口径の小さい配管ガスケットには、一見
して区別がつかないようなものも多く、サイズを間違えたり、
ガスケット装着位置がずれたりして、十分なシール性が確保さ
れなかったケースが見られる。また、ボルテックスタイプなど
金属製のガスケットでは同じ金属色であったため異材を組み込
み、スタート後に腐食漏洩を誘引した例などは多くの工場で経
験されている。各社ともこれら装着ミスの防止には様々な工夫
を凝らしているが、未だに時々耳にするトラブルである。

③締付力の変動（1．温度変化）：使用圧力や温度そして腐食性な
ど内部流体の変化はガスケットの選定そのものの再確認が必要
であるが、これは設計の問題であり、いわゆる変更管理として
対処すべきことであるので割愛し、ここでは現場で認識してお
くべきフランジの締付力に影響を与える温度変化について述べ
ることにする。

　常温時に締結され気密テストで問題がなかったとしても、スタート後内部温度の上昇によりフランジや締結ボルトの温度が上がれば、金属膨張の分だけ締結力に変動が出てくる。このためになされるのがスタートアップ後の増し締め、ホットボルティングである。このホットボルティングも単に締め込めば良いというものではない。ホットボルティングは上述のように、温度上昇による熱膨張で低下した締付力を補う対応なので、当該箇所のフランジやボルトの温度が計画値まで上昇してから実施しなければならないのであるが、温度が所定値まで上がらないうちに締め込みを行ったために、後刻当該フランジの温度が上昇した際、結果的にホットボルティングが為されていない状況となり漏洩事故に繋がった例もある。フランジの温度管理が漏洩防止に対し重要且つ微妙なものであることを示している一例といえよう。以下のような事例もある。流体温度が高温であり、空冷が望ましいケースや、漏洩の早期発見のためなどの理由から断熱がされていなかったフランジが、猛烈な夕立の飛沫によって急冷され漏洩に繋がった例 [上部階床のウィープホール（水抜き穴）からしたたり落ちた雨水がフランジを直撃した例もある] や、こういった事象を防止するために断熱の外装材の細工物で設置されていたウェザーシール*の内部に、ノウホワイを理解できなかった作業者が、欠陥工事と思い込み、断熱材を充填してしまいフランジ温度が従来に比し大幅に上昇し、大量漏洩に繋がった事例もある。また、緊急停止により高温内部

＊風雨の影響によりフランジ温度が急変することを防止する目的でフランジを覆うように作られたカバー。多くは内側が空洞であり、空気の流れを助長する風抜き穴が細工されていたりする。

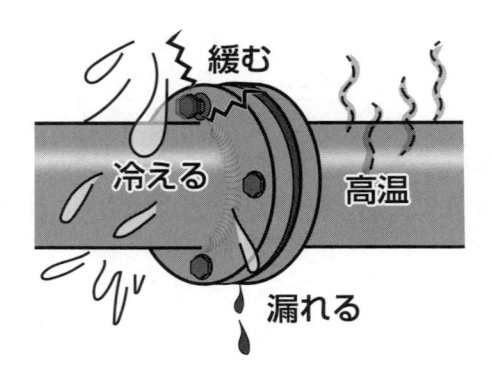

流体の流動が停止したにも関わらず、配管への薬剤注入ライン
から少量の常温助剤の注入が継続した結果、近傍にあったオリ
フィスフランジの一方を選択的に冷却したため、このオリフィ
ス部分から内部流体が漏洩して火災になった例など、フランジ
の温度急変は時に思いもかけない漏洩に繋がる。

④締付力の変動（2．力）：温度変化以外にもフランジ締結力の変
動を来す作用はある。内部流体の圧力の変化、フランジ部分に
加わる力を変化させる外力などであり、前者では封じ込められ
た液体の膨張によって生じるフランジのひずみやガスケットの
破断による漏洩、後者では小径管に人が乗ることによって生じ
た力によるもの、熱応力に起因するもの、あるいは車両等の衝
突による例がある。

⑤ガスケットの劣化：ガスケットの弾力性、形状追従性といった
シール性能に直結する機能はセットした際にその特性を発揮し
て納まっており、多くの場合、拘束が解放された時にガスケッ
トはその初期性能に戻るものではない。従って、ガスケットの
再利用は基本的に好ましくない。また、使用条件や使用環境に

よっては、長期間の利用によりガスケットが劣化してくることがある。このような場合には系列全体のガスケットの更新も視野に入れ検討を行うべきである。

⑥軸封部：僅かな漏れも嫌う箇所には構造上軸封部そのものを持たない形式（ノンシールポンプ等）が採用されることも多いが、一般的にはメカニカルシールが使われ、多少の漏れは許容される流体には安価なグランドシールが使われるのが普通である。メカニカルシールが漏れていれば、それは専門部門の修理が必要になるが、グランドシールは原理的に浸みだしてきた内部流体の潤滑によってパッキンの摩耗を防ぎ、合わせて摺動で発生する熱を除熱している。従って、この漏れを完全に抑えることは逆にトラブルの種を作ることになるので、避けなければならないが、運転標準に従った日常管理はグランド押さえの増し締めなど比較的容易に行えるので、現場の管理項目として維持されなければならない。

（3）操作ミスによる漏洩

　これは運転操作や作業でのミスによる漏洩であり、現場に携わる者としては自分の行動が原因となる事象である。多くはバルブの閉め忘れ、駆動源系統の閉止処置不備による自動弁の不時開放などにより、想定外の個所から漏洩を起こしている。前者ではタンクや配管のドレン弁、ガス抜き弁などの閉止を失念したまま運転を開始し、比較的大量の流体の漏洩に少し時間が経ってから気づくケースが多い。後者では工事その他何らかの原因で自動弁の作動スイッチが動き、自動弁が開放して内容物が漏洩する例であり、これは状況によっては高温、高圧の流体が大量に噴出する事

態に繋がる。この原因により多くの被災者が出た大事故も記憶に新しい。その他、操作ミスが漏洩に繋がる事例として、前項で示した液封がある。これは逆に開けるべき弁を開け忘れたため内部が密閉空間となり非圧縮性流体の温度上昇による体積膨張が配管系を破壊して漏洩する事例である。いずれにしてもプロセスの流路、工程のセットは現場の重要な責任事項であり、この間違いはここで言う漏洩だけではなく、様々なプロセス不具合の基点になることを心して現場での業務に当たらなければならない。

（4）振動による配管等の破断・損耗

これは操作ミスではないが、現場の注意深い観察によって防止できる漏洩事象である。本来配管をはじめとする工場内構築物はしっかり固定されており、設備が稼働しても触って感じる程度の振動はあっても、それ以上の大きな振動は観られないのが普通である。しかし、往復動圧縮機近傍など振動の大きな機器周辺で、バルブなど重量物を先端に備えたノズルや、支持間隔が広い小口径配管などが大きく振動しているのを見ることがある。そしてこういったノズルが根元からぽっきり折れたり、揺れていた配管が支持点や他の構築物との接触個所で摩耗して開口したりして漏洩事故を起こす例が時々ある。日々の現場の状況に最も詳しいのは現場担当者である。揺れが大きく気になる箇所は設備部門の力も借りて、健全性を確認するとともに、必要であれば支持点の増設、補強などの対策をとることによって、この漏洩は防止できるはずである。

　高圧ガス事故はその9割が、そのほかのプロセス事故もそのほとんどが漏洩から始まる。その漏洩は大部分がここに挙げたパターンのどれかに分類される。そしてその多くは細かな現場の観察、保全履歴、プラントの挙動によって推測可能、あるいは発見できる領域にある。現場運転員、保全担当者は最大限の知識、観察力を駆使して漏洩を防ぐ努力をして欲しい。もちろん可能であれば、AI、ビッグデータといった最新技術の活用にも取り組むべきである。

2 どうしたら火が点くのか？

　我々の扱う工場には一般に膨大な量の可燃物がある。従って、前節で述べた様々な経緯によって漏洩したこの可燃物に着火すると大きな事故に繋がる。それを防ぐためには、どのような状況で火が点くのか、燃焼に至るのか、常にそういった視点を持って現場での作業に当たること、そういった感性を持っていることも重要である。繰り返しになるが、火の点き方が分かっていれば、火が点くのを防ぐことができるのである。

　燃焼には誰でも知っている可燃物、支燃性物質（一般的には空気や酸素）*、そして着火源という3要素が必要である。現場には可燃物はある、あるいは漏れてきている、そして空気、即ち酸素もふんだんにある。それが燃焼に至るには着火源が必要である。

　現場にある着火源とは何か？　一つは高温。可燃物の着火温度を超えるような高温の金属表面や蓄熱された個所があればここで燃焼が始まる。加熱炉の火炎や現に燃焼している火炎もこれに当たる。また、電気機器のスパーク、何らかの原因による金属同士の衝突による火花なども着火源であるし、稀には落雷も着火源になる。電気設備に求められる防爆基準、金属工具の使用制限、加熱炉周辺に具備されるスチームカーテンなどはこれらの着火源を排除、無効にする手段であるし、各種設備に設けられるアース、工事の際に設置されている電気溶接の帰路線も電気スパークや迷走電流によるスパークを防止する手段である。

＊自然性：燃焼の3要素で支燃性物質を一般に酸素としているが、フッ素や塩素も支燃性物質である。また一部の特殊ガスには酸素等がなくても、自らの分解によって燃焼する物質（自然性）もある。特殊な例でもあるので、これらについては運転マニュアルや取り扱い物質資料を確認しておくことが必要である。

しかし、何よりも恐ろしいのが、様々の原因により各所に帯電している静電気である。作業者自身もその行動によって、何かのはずみに着火源となり得るだけの帯電をしていることも知っておいて欲しい。作業者が着用している作業服や作業靴が帯電防止仕様になっている工場が多くあるのもこの対策である。静電気や迷走電流などは最終的にスパークとして着火源になるが、架台階段の手すりの静電気除去握りは我々自身を除電し、スパークの発生を防止する施策であるということを改めて確認しておいて欲しい。

静電気は剥離や摩擦によっても電界の変化によっても発生する。そして、乾燥は静電気の発生を助長する。発生した個所が電気の導体であれば、あるいはそこがアースされていれば静電気は放電してしまうが、電気的に絶縁されている箇所では帯電し、何かのはずみにこれが放電して着火源となる。有機物流体の電気伝導度は通常高くない。従って、有機物は流動による摩擦で帯電する。タンクの受け入れ配管先端や安全弁の放出管なども、静電気の発生個所として注視すべきである。発生した静電気は金属容器であれば徐々に放電していくが、樹脂製の容器やライニング設備は基本的に放電し難いということも踏まえ、流体の取り扱いによる静電気帯電について、今一度確認しておくことも大切である。

燃焼（着火）には3要素が必要であるが、燃焼の継続もまたこの3要素が継続して供給されることが必要である。逆に言えば、3要素のどれかを断ち切れば燃焼は止まることになる。可燃物がなくなれば燃焼は止まるし、燃焼はそれ自体が高温を発生することで着火を継続しているので、放水はこの温度を下げ、燃焼条件から外すことにより燃焼の継続を断ち切る手段である。火の入った天ぷらの鍋に蓋をするのも、工場でいえば泡消化や二酸化炭素消

火器などは支燃性物質（酸素）からの遮断により燃焼を止めようとするものである。

> どうしたら火が点くかという視点で述べてきたが、火災を起こさないためには「火が点く」状況にしなければ良い。そのためには日常からどうしたら火が点かないか、どうしたら着火しないかを考えて欲しいし、万一漏れても火が点かない、火が点いても拡大しないという対処法、そして消火、鎮圧方法を検証し、そのノウホワイも身に着けつつ、訓練にも励んで欲しい。

第 4 章

どうしたら
事故になるかを考える
（労働災害）

これまで「どうしたら事故になるか」を人の心理やプロセス条件の側から見てきた。本章では少し視点を変えて、多くの先人が痛い思いをしてきた労災事故について、「なぜ事故になったのか。どうしたら事故に繋がるのか」といった整理を進めてみる。

１　巻き込まれないか　挟まれないか

製造現場で最も多い事故の一つが挟まれ、巻き込まれである。製品コンベアの上に手で取れる小さな異物があった。現場の運転員の心情としてどうしても取りたくなる。そして、これまで多くの先輩がそうやって品質維持を図ってきたのも事実である。でも、その時、指や上着の袖口や首に巻いていたタオルが何かに引っかかり、コンベアに指や手や腕、場合によっては身体まで巻き込まれ大きな災害、場合によっては人命を落とした事例は枚挙にいとまがない。あるいはベルトコンベアの表面に付着した油をウエスで拭き取ろうとして、そのウエスと一緒に手を巻き込まれたり、巻き取られているフィルムの僅かなシワが気になり、手を出して巻き込まれて重傷を負ったケースもある。「動くものには手を出さない」「必要があれば装置を止めて対処する」これまで何度も何度も言われてきた言葉であるが、実際に稼働している設備の機側に立った時、「ちょっと小さなごみを拾うだけじゃないか」「巻き込まれる前に自分なら手が引っ込められる」「こんなことでいちいち止めるなんて…」とは誰もが持つ思いである。そして何千回か、何万回かに１回であっても、それは仲間や先輩の指を、腕を、そして身体を持って行ってしまった。動く速さは遅くても、動力機械の力に人間の力はとても勝てない。子供のおもちゃや小さな

模型、実験室の小型モーターとはわけが違うのである。工場の駆動機械は最低でも馬1頭が引いていると考えるべきなのである。

　挟まれる個所も現場には数多くある。動きのある機械設備の稼働範囲には、巻き込まれと同じように挟まれる個所が存在している。往復動圧縮機のピストンロッド周辺やプレス機械などは見ただけで恐怖心が湧く。それでも過去やはり事故が多かったことからしっかりとカバーが設けられていたり、プレス機などは両手でスイッチを押さないと作動しないようなフールプルーフの対策が施されていたりとそれなりの手は打たれているが、早くはなくても動きのある機械、開閉扉のヒンジ、荷捌き場所や倉庫でのものの出し入れ、積載、フォークリフトの運ぶ重量物なども「動きが遅いから大丈夫だろう」とか「挟まれる前に引っ込められる」といった誰でも持つような思いが怖い。数年前に商業ビルの大型回

転ドアに子供が挟まれるという悲惨な事故があったが、遅くても動いているものはその重量が力となってかかってくるため、印象以上の負荷を与える。倉庫内でフォークリフトに運ばれているフレコンバックにしても、挟まれれば人の力ではどうしようもできない。強い風にあおられて急激に閉まるドアも、人の指を傷つけるには十分過ぎる力を持っている。起きてしまえば「当たり前じゃないか」と言われるが、クレーンで吊り上げられていた機器が少し揺れて架構の手すりに当たりそうになったのを見た新人社員が手で抑えようとしたが、抑えきれずに機器と手すりの間に手を挟み骨折したのは筆者が若い頃、工事現場で現認した事故である。また、自分で自分の指や手を挟む事故もよく見られる。バルブを回そうとして使っていたハンドル回し（ホイルキー）がすっぽ抜けて近傍の架台や配管との間で指や手を挟まれたり、ボルトを緩めようと力を入れた途端に、掛かりが悪かったスパナが外れ同じように挟まれたり、クレーンなりホイストなりを使う際に、吊上げ

治具と台付（ワイヤー）や運搬物との間に指を挟んだりといった事例である。こういった通常の現場作業でも多くの失敗が過去あったことを学び、様々な「怖さ」を意識しながら日々現場作業に当たって欲しい。

　動いているものには手を出さない。動いている重量物には近寄らない。これが挟まれ、巻き込まれ災害に遭わないための鉄則である。「できる」「何とかできる」「間に合う」「何とかしなくちゃ」という善意が水泡に帰すばかりでなく、何百回に1回かもしれないがそれがとんでもない結果を生み、工場にも、周囲にもそして何より自分自身にも大きな影響を与えるということを忘れてはいけない。

　動いているものは「怖い」という意識に変えていくことが望まれる。

2 今、機械が動いたら…

　停止している機器が突然動き出したら近傍に居た者はびっくりするし、その時その機械の可動部に触れていたり、極端な例では動き出した機械の中に居たりしたら、これは確実に大きな労働災害に繋がる。製造現場で人間がこういった機械の不時起動に遭遇するケースは3種類ある。一つ目はロボットアームのような作動機械の可動域に入った場合、二つ目は何らかの理由で自動起動が設定されている設備が起動した場合、三つ目はメンテナンス等でその機械そのものを扱っている際に電気室や計器室で現場を確認しないまま、遠隔操作で起動したり、電源を投入したりするケースである。

①作動機械の可動域…その昔、産業用ロボットが製造現場に広まり始めた頃は、作業者がロボットアームによって打たれたり、激突されたりする事故が多く聞かれた。しかし、最近ではこういった機械の可動域は手すりなどで明解な区分がなされ、この中に入る場合にはリミットスイッチや各種センサーなどで機械が停止するインターロックが設置されていることがほとんどである。それでも時に耳にするこの種の事故は、仕組みを知っているのに、いや知っているからこそインターロックを切って立ち入ったり、上手くかわせると過信して立ち入ったりしての事故である。今の設備の仕組みが、そういった先人の痛い思いから発した対策の積み重ねであるということを忘れずにいたいものである。

②自動起動機器…連続的にプロセスに流体を供給しているポンプや下流に適当なホールドアップを持たないコンプレッサーなどの併設予備機は、主機の停止に際し直ちに起動する自動起動の

機能が具備されていることが多い。あるいは自動起動ではなくても、プロセスの状況によって計器室から遠隔で起動する設備も数多くある。筆者も若い頃、現場で中型のポンプの機側で打ち合わせをしていて、このポンプが突然起動し、大いに焦ったことがある。当時はまだ自動起動機器であることを積極的に明示する文化が乏しかった時期でもあったように思うが、今日ではこれら自動起動機器や遠隔操作機器については、何らかの方法で現場に注意喚起の表示がされていることが一般的である。これもまた先達からの経験に基づいて当たり前になってきた現場施策の一つと言えるだろう。その現場に携わっている者はもちろん知っていることではあるが、何らかの理由で現場に立ち入った際に、「自動起動」とか「遠隔起動」の表示がなされている機器は突然動くことがあることを意識しておかなければならない。より基本的には、現場に入った際には、今停止しているこの機械が動いても、自分の安全が確保できるかを常に意識しておくという姿勢が必要なのである。

③機器を扱う時のロック…不具合の点検中に連絡の不備で電源が

自動起動機器の表示　でもこれでは見難い。もっと目立たせたい。

入り、回転部が点検している者の身体を傷つけたり、電気設備の点検中に当該箇所の電源が投入され感電事故や短絡事故を起こしたり、残念ながらこの不首尾で大きな災害やトラブルに繋がる事例は後を絶たない。基本は機器の起動はその条件が十分整っていることが確認され、関係者の確実な連携を以て行うことであるが、特に回転機器を扱う場合には、多くは電源である駆動源のロックや解放を確実に、慎重に行うことが必要である。このロックの方法や手順については各工場で様々なルールが定められているが、こと人命に関わることでもあり、ルールの厳密な順守が求められる。確実な一例では回転機の点検や整備を行う作業者自身が開錠のためのキーを保持しているといった物理的な防止策もとられている例がある。

　なお、直接には労災事故に繋がらないが、管路の設定が完了していない段階で供給ポンプが起動されて、大量の漏洩事故に繋がったり、逆にベントラインが閉のまま内部流体の抜出しポンプが起動され真空引きになったタンクを外圧で潰してしまったりなどの失敗もよく耳にする。機器の起動条件の確認は、念には念を入れて行うことを忘れてはいけない。

　工場には様々な機械設備があり、それぞれが何らかの意図をもって動いている。遠隔操作で動くものも、包装設備や搬送設備のようにある範囲を自在に動くものも、そして予め決められた条件により自動で動き出す機械もある。製造現場に立ち入った我々は、常に「自分は自動機械の稼働範囲に入っていないか」「この機械はふいに動き出さないか」「万一動いても自分の安全は確保できるか」と周囲に意識を払っていなければならない。

---

3 環境設定に落ちはないか

　前節③の機器を扱う時のロックは、動機器の動きや不時起動に対する安全措置の視点について述べたものであるが、これまで供用してきた設備の修理や調整、洗浄のための開放作業においては、その作業環境を人に害を与えないレベルに整えることが必要である。こういった作業を環境設定という。即ち、内部流体をパージし、洗浄し、内圧を抜き、開放時に内部流体に接触しないための処置が必要であるし、人が立ち入る際には有害ガスのないことを確認するとともに、必要酸素濃度が確保されていることの確認も必要となる。運転中の点検、補修などの保全作業はもちろん、定期整備でプラント全体が開放されるような場合にも、この環境設定作業は重要である。多少なりとも残存リスクが考えられる場合には適切な保護具の利用も考えなければならない。現場に携わる者にとって、前節の動機器の駆動ロックとともに、これらの要件が自らを含む全ての作業者の安全確保のために重要であることは理解されているはずであるが、残念ながらこれらの処置の不完全さにより多くの事故が起きているし、正に紙一重といった重大ヒヤリハットもなかなか根絶できていないのが現実である。

①フランジを割る…設備を開放する際、ドレン弁やパージ弁の開放により、内部に残液や残圧がないことを確認したのちに、先ず取り掛かるのはフランジ割りである。それでも最初のフランジ割りは、洗浄も終わり、内圧も残液がないことも確認されているから大丈夫などといって、無防備に取り掛かってはいけない。割ったフランジから残液が飛散した例、内圧が残っていて有害な内部ガスが噴出し昏倒した例、解放後に内部壁に付着し

ていた残液により薬傷を起こした事例など過去数多くの失敗がある。その理由はいろいろあるが、一例は配管等の形状で内部流体のパージや洗浄が不十分な個所が存在した場合である。オリフィスの前後、ドレン弁やパージ弁その他行き止まり管や枝管に当たる部分、傾斜した配管や配管のたわみ部分の底部、そして系内の弁の内部にも流体は残り得る。経路にあった仕切弁のボンネット部分、ボール弁の弁体とボールの間隙に残っていた残液によって整備中に被災した例もある。このような事例が教えてくれることは、環境設定がなされていようとも最初の開放は「残液があるかもしれない」「内圧が残っているかもしれない」と注意深く取り組むことが必要だということである。内壁への接触も洗浄が十分ではないかもしれないという警戒心を持っていたい。新入社員が最初に教わるフランジの割り方は、「万一中から何かが噴出しても、それが自分の方に来ない個所から割ること。自分が被液しない姿勢であること。」である。この原則は例えベテランになっても、決して軽視してはいけないのである。

②入槽に当たって…有害ガスは残っていないか、酸素濃度は十分かが確認されるのは当然であり、立入時にはこれらが確認されて初めて入槽が許可されるのだが、時に思わぬことが起きることがある。

　酸素濃度を確認して入槽したのに、槽内の奥に進んだ際に携帯していた酸素濃度計が濃度低下で発報した。すぐに避難し事なきを得たが、人が立って歩けるほどの大きな空間の場合、空間の各個所では必ずしも均一な空気置換がなされていないことがある。空気置換はこういった個所の発生を防ぐべく慎重の上

にも慎重に計画し、確実に実施することが求められる。

　撹拌槽の内部を空気置換し、上鏡にある上部マンホールから槽内の酸素濃度、残ガス濃度を確認して、空気置換が完了していることを確認した。その後上部に設置されている撹拌機を取り外した時に槽から火が上がるという事象があった。これは上部マンホールよりも更に上部でこの槽に繋がっていた水素配管のバルブが漏れていて、ここから少しずつ漏洩した水素が空気より軽いがゆえに槽の上部鏡に滞留していたのが原因であった。検知端を挿入してガス検知したのはマンホールより下部であり、上鏡部だけに水素が滞留しているとは想像することができなかった。この事象はバルブの漏洩という直接原因があるのだが、これについては次節で述べる。

　もう一つ、大分昔であるがプラント新設時に起きた痛ましい事例を挙げておく。大型の塔の建設を担当していた若い技術者が、いよいよ試運転が開始されるという前日、念の為の現地確認のつもりであったのだろうか、一人で現場に行きそのまま行方知れずとなってしまった。その日の午後、この機器はマンホールが閉められ、窒素置換が開始されていた。所在が分からなくなった彼を探しているうちに「まさか」との思いから、機器を開放して、機器内部で酸欠により亡くなっている技術者が発見された。この事例は立入区域の環境設定という課題もさることながら、入槽時に単独行動をしていたという重大なルール違反があることも示唆している。槽内作業には監視人を付けることが必須とされているが、その設備の設計者であったり、管理者であったりすると、何かの際にそれを失念し、「分かっているから自分は大丈夫」といった過信から、管理区域への立ち入りを

単独で行う可能性がある。何人といえども定められたルールには従うという原則を貫くことの重要さをこの事例は教えてくれている。

③バルブは漏れる…上の例でバルブの漏れで水素が滞留していたように、バルブが漏れないと信じていたことによって多くの事故が発生している。特に環境設定においては「バルブは漏れるもの」として考えることが必須である。バルブを閉止し、漏れがないことを確認したにも関わらず、作業開始後バルブ上流側からの漏洩による被液、火傷、漏洩物への着火による火災等々この事例はそれこそ無数にあるし、ほとんどの工場が程度の差こそあれ過去何らかの痛い経験をしている。バルブの締め込みが緩かった例、異物の噛み込みにより、閉止できたように見えていたものが、時間の経過とともにその異物が溶けたり、外れたりして漏洩したもの、バルブの前後配管やバルブ内部が異物で閉塞していたのに、バルブで閉止できていると考えてしまい、その異物を除去して内部流体を漏洩させたもの、あるいは生きている部分と仕切っていたバルブを何らかの行き違いで開放させてしまった極端な事例もある。これらのことから、環境設定は十分な安全対策が確保されており、それが関係者間で十分に周知共有されているような特殊な場合を除き、原則的にバルブに依存してはならないことが分かる。区分個所をバルブで仕切ったとしても、仕切板をセットして完全に遮断するか、いわゆる3バルブセット*で縁切りするなど、上流側、生きている部分を閉止しているバルブが漏れても、作業している下流側に

＊ライン上に直列に配置された二つのバルブ間にノズルを設け、万一上流のバルブが漏れてもこのノズルから脱圧し、逃がす仕組み

はその影響が及ばない施策を講じなければならない。

　一言で言えば、現場に存在するあらゆるハザードに対し、作業者が暴露されることを防ぐための施策が環境設定である。液抜き、脱圧、洗浄、空気置換、駆動源のロックなど、どれが抜けても重大災害に繋がる。特に稼働中のプラントの一部を区切って点検、修理を行うような場合、その縁切り施策には万全を期さなければいけない。関係者全員により、作業のリスク評価、安全施策の確認を行い、全員がそれらについて十分納得し、共有して作業に当たらなければいけない。洗浄、脱圧、空気置換は完了しているはずであっても万一を考えること、バルブは漏れるものであると考えることなどがそのポイントである。

4 躓かないか（歩行の危険はどこにある？）

　作業や歩行で、現場パトロールで、階段や梯子の昇降で、躓く、転ぶ、足を滑らせる、踏み外すといった転倒事故は、各種労災事故の中で世界的に見ても最も多い事故といわれている。我が国の製造業でも、本章 1. 節で触れた挟まれ巻き込まれに次いで、年間約 5,000 人の仲間が負傷している。死亡に至るような重大事故は稀ではあるが、誰にとっても身近な行動であって、そして十分な注意が働けば防げるはずの事故でもあるので、その防止のための基本的な視点について整理してみる。

　ないことに越したことはないが、通路上には様々な段差がある。何かのはずみにここに躓くことが転倒に繋がるのだから、通路上の段差は極力排除したい。排除が難しければ段差部分に注意喚起のための表示（例えば黄色いペンキを塗る）をしても良い。人間の歩行は普通一定リズムでの繰り返し運動である。だから、その一定のリズムで障害となる段差は例え僅か 1，2 cm であっても足をひっかける基点となる。段差をなくしたための傾斜も、程度の差こそあれ、リズムを狂わすという点では同じである。これは階段でも同じである。一般に階段は 20cm 程度の一定のけあげ*寸法で作られているが、設備の改造、増設など何らかの理由で一部が、特に最初や最後の 1 段がこれと少し違う寸法でできていることがある。その現場で働く人にとっては慣れてしまっているために気にしていないことが多いが、何かの時に牙をむく顕在リスクである。一定のリズムで昇降してきたものが突然その段差が違っていたら、躓いたり、引っ掛かったりすることは容易に想像がつく。

---

*けあげ（蹴上げ）：階段の段差。足がのる部分（踏面）と直角な部分。

一方で、階段で起こる転倒事故の多くは下３段か上３段で起こる。これは「これで階段は終わり」として、次の行動に意識が移ってしまうからであり、人の自然な感性からもエラーが起こり易い個所である。この防止策として階段の上下３段だけは黄色く塗って、「あと３段あるよ！　ここは躓き易いよ！」という注意喚起を図っている例が多く見られる。同じ発想でラダー（梯子）の上下３段を黄色くしている例もある。ラダー昇降時、最初の２，３段はと

上下３段に注意喚起の黄色の塗装がされている階段

もかく、それ以降は略一定のリズムで昇降するのが普通であるが、ラダーを降りる時は常に自分の足を見ているかといえば、必ずしもそうではない。「もう少しだな。」と意識した時に初めて足位置を確認するのが普通であって、それまではむしろ目の前を見ているのが一般的である。であるならば、足があと３段のバーに掛かる時に握っているバーが着色されているとか視野に「間もなく最下段」といった注意喚起がある方がより親切であろう。この施策を徹底して導入している工場を拝見した時に、そのきめ細かさに大変感心した記憶がある。

　日常その現場で働いている人にとっては当たり前になっているのだろうが、初めてその現場に入った者や、普段は居ない者にとって意外に怖く感じられるのが通路のすぐ近くにある落差である。トレンチ配管ピットの横とか、排水溝の周辺とか、防油堤の乗り越え個所など、「夜ここを歩く時に落ちないだろうか」「緊急の時に踏み込まないだろうか」と気になることがある。全てにガードレールを付けるわけにもいかないだろうが、万一踏み外したらかなりの傷を負う可能性が高い。危険性とそこを通る頻度を考えて、然るべき対策をとっておくことが望まれる。

　　転倒事故は労働災害の中でもその件数が世界的にも最多と言われている。躓く、滑る、その他何か障害を避けようとしてふらつくなどが直接の原因である。この災害の多くは段差等障害の排除や、障害個所を明示し気づかせることにより防ぐことができる。階段の上下３段の明示、安全通路の確保等、多くは現場の安全活動で成果が得られることが示唆される。

　これまで述べてきたような危険性が排除されていて、夜間でも一定以上の照度が確保され、安全が担保されている通路を「安全通路」という。機械の稼働範囲からも、クレーンの走行範囲からも外れていて、高温物等の危険源からもガードされ、あるいは危険源が明示されていて、その通路を歩いている限り、大きな危険がなく歩行できるのが安全通路であって、多くの場合、塗装により床に明示されている。ここは「安全に通行できる」ことが担保されている部分であるから、基本的にここに資機材が仮置きされることもない。仮に整備等で一部が他の目的で占有される場合にはきちんと仮通路を確保するなどして、維持されるべきスペースである。部外者、見学者はここを通るのが原則であるし、現場で働く者もここを通れば安全に作業箇所に行くことができる。そして作業箇所に至り作業を開始する際にこの通路を離れる、即ちここで安全意識を一段階上げて作業に掛かることになる。多くの現場でこの仕組み（安全通路）が整っていればと思うのであるが、残念ながらそこまで至っていない工場がまだまだ数多くあるのが現状である。

5 落ちないか

　転落はそのダメージが大きく、地上数メートル以上といった高所はもちろん、「1メートルは一命取る」とも言われるように、例え高所という印象が薄い場所からの転落であっても重篤な災害に繋がる可能性の高い事故であり、万全の対策で防止を図らなければならない。

　製造現場の作業で作業床の手すりから身を乗り出して行っている作業がないだろうか？　頻度の少ない作業で適切な作業足場がなく、配管の上に立ったり、どこかに足を掛けて片手で身体を支えながら行ったりしている作業はないだろうか？　トラックやローリー車への荷役作業で、不安定な姿勢を強いられる時はないだろうか？　作業箇所周辺に手すりなど落下防止柵のない開口部はないだろうか？　これらはいずれも最近耳にした転落事故現場の状況である。基本は1メートル以上の高さの場所での作業では、先ず転落はしないかを意識することである。作業面の周囲が手すりなど適切な転落防止策がとられていれば良いが、そうでなければ転落防止策をとることを第一に考えるべきである。例え滅多にない臨時作業であっても、不安定な姿勢が強いられるのであれば、仮設の足場を設けるのが正道であって、配管に足場板を渡してその上に立てば作業ができるなどと考えるのは、不安全行動そのものと言われても致し方ない。それらの措置がとられたうえで更に万一を考えての安全の確保のために、あるいはそれらの防護策が何らかの事情で十分でない場合には安全帯の確実な使用により転落を防止することになる。

　安全帯は使用するものであって、着用することが目的の保護具

ではない。少しでも転落の可能性がある場合、あるいは転落防止策が十分とは言えない場合など、ランヤード（安全帯のひもの部分）を親綱なり固定箇所に締結することによって、万一落ちた場合に我が身を守る保護具なのである。昨今の転落災害ではその過半が「安全帯は着用していたけれど、使用していなかった」事例である。中には安全帯を使用していたにも関わらず、装着が緩く安全帯がすっぽ抜けた例や、安全帯は効いたが、勢いで頭部を地面に打ち付けて死亡した例、装着箇所が拙く内臓に損傷を来した例もある。安全帯は用意するだけでなく正しく装着し、適切に使ってこそ、身を守ってくれるのである。高所で移動する場合、どうしてもランヤードの締結個所を変更しなければならない場合がある。この変更時に一時的に安全帯未使用の状態になることを避けるために最近では安全帯の２丁掛けが主流になってきた。またより安全性が高いとされるハーネス型の安全帯の使用も認識が広まってきており、法制化が進みつつある。

**　転落は重篤な災害に繋がることが多い。万一足が滑っても、踏み外しても下には落ちないか、落下防止策が不完全な個所では、安全帯を使用しているか、それらを常にチェックしながら「自分の身は自分で守る」という意識を強く持って作業に当たって欲しい。なお、安全帯は着用していても何の意味もない。使用しないと我が身を守ることはできない。全ての保護具は単に携行する道具ではなく、正しく使用してこその保護具なのである。**

第5章

事故が起きる前に気づく
その知恵を育てる

　これまで製造現場が整えるべき基本情報（第1章）、現場で働く人のどんな思い違いや心得違いが事故に結びつくのか（第2章）、そしてどんな過程を経て、どうしたら漏洩や火災や労働災害が起きるのか（第3、4章）について述べてきた。事故を起こさないためには、事故を起こす前にそれらのことに気づけば良い。

　では、事故が起きる前に気づくためにどうするのか、どうしたら気づけるのか、そのためにはどんな知恵が必要なのか、そしてその知恵をどう育てるのか、本章ではそういったことを整理してみる。

1 気づく（安全の反対は無意識）

　気づくことで危険の度合いは激減する。道を歩いていて前から自動車が来ることに気づけば、その車の大きさや速さを見極め、避けるか、止まるか、やり過ごせば良いか、それもとっさにしなければならないか、慌てずに動けば良いかを誰もがほとんど瞬時に判断している。もしも何かに気を取られていたり、スマートフォンに夢中になっていたりして車が近づいているのに気がつかなかったら、次に何かが起こることは容易に想像がつく。私たちは普段の生活でもこのように周囲の状況を見極め、常にそれに対処しているのである。現場作業でも同じであって、周囲の状況からみて、何かおかしなことが系内で起きないか、漏れないか、外れないか、噴出しないか、機械が突然動いて自分が挟まれないか、落ちないか、転ばないか、火傷しないか…そういった可能性に気づけば当然それを避けようとする。回避するか、逃げるか、何らかの手段でそうならない処置を行う。つまり多くの場合、気づい

たことによってその回避動作をとっている。だから気づくことによって事故を未然に防いでいるのである。もしも気づかなければ、意識できなければ、その危険は排除できず、トラブルや不具合、事故といった安全ではない状態に繋がる。つまり、安全の反対は無意識と言えるのである。

　それではどうしたらそういった気づきができるようになるのであろうか？

　　我々は日常生活でも、何か危険に気づけばそれを当たり前に回避している。製造現場でも同じで、今にも起きそうな、あるいは起こっている何かに気づくこと、即ち意識することが安全に繋がる。だから、安全の反対は無意識と言えるのである。

2　事故とはなんだ？（事故の構造をイメージする）

　図5-1はスイスチーズモデルと言われる事故を分かり易くイメージしたモデル図である。発酵工程で多数の内部空洞が生じるスイスチーズのスライスを何枚か重ね、それらを別個に回転させた時、空洞が重なって一瞬向こう側が見えることがある。この時、各スライスを安全フィルター（事故防止施策）、そこに空いている穴をそれぞれのフィルターの欠陥と考えると、各事故防止施策の欠陥が重なった時、危険要素がフィルターを突き抜け事故が起きると考えることができる。即ちこれまで一部に不備があっても互いに補完して事故を防いできた各種事故防止施策が、ある時偶々それぞれが持つ欠陥や抜けが重なり事故を防ぐことができなかったと解釈することで、このモデルは事故の構造を分かり易く示している。このフィルターの持つ機能は設備について言えば耐圧機

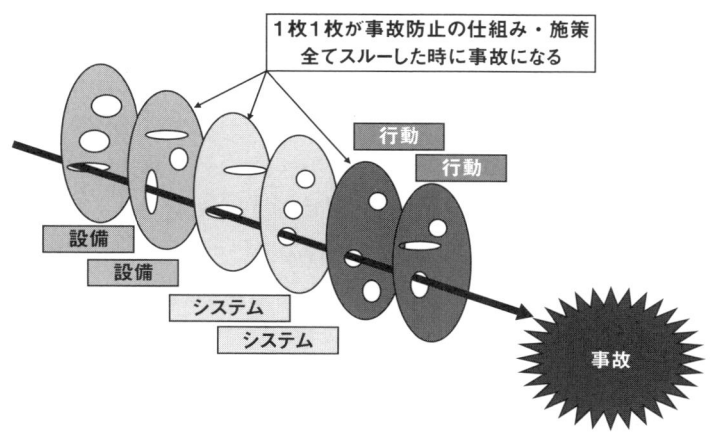

図5-1　スイスチーズモデル

能、耐熱性能、耐食性能、制御システム、駆動システム、インターフェース、操作性などであり、保安管理をはじめとする様々なシステムが担保しているものに、運転マニュアル、検査マニュアル、業務守則、変更管理規則、工事管理規則、教育システムなどがあり、人間の行動で維持しているものとして、ルール順守、確認の実施、正しい判断、冷静・確実な実行などが挙げられる。

　翻って通常の安定運転状態をこのイメージ図で考えるならば、左方からのハザードが、仮にどれかのフィルターを通過しても、他のいくつかの安全フィルターにガードされて遮られており、右方の現場での現象には至っていない状態といえる。体験ヒヤリハットや、「あれ、ここは抜けているぞ」といった気づき、そして想定ヒヤリハットはこれらフィルターに開いた穴の存在が顕在化したもの、あるいは穴の存在に気がついたものであり、この穴を塞ぐ活動（即ち改善）がヒヤリハットに基づく日常の安全活動そのものと言えるのである。また、事故の多くが非定常状態や、変更に伴って起きていることについて、このモデルで考えてみると、定常状態時にしっかりハザードからガードしていたスライスが、変更や非定常状態への変化により抜け落ちたり、向きが変わったり、持っていた穴の大きさが変化したりして、その結果、ハザードが通り抜けられるだけの貫通部ができたと考えることができる。非定常、変更というのは安全要件の面でもこのような変化を来すものであることを意識しておくべきである（コラム 3「変更管理」参照）。

　多くの事故は単一の原因では起きていない。偶々その時起きた不調が…、いつもとは違っていた〇〇…と重なり、それが僅かな連絡事項の不備によって…、などと語られるように、多くの本来効いていたはずの安全フィルターの不備が重なって事故となっている。そのことはこの瞬間にも、現場ではいくつかの安全フィルターを通過したハザードが何かのフィルター1枚で止められているかもしれないことを示唆している。だから、ヒヤリハット活動や、リスク評価で気づいた各フィルターの欠陥をきちんと改善していく活動が重要なのである。

3 見えないものの存在

　事故は起きた後で検証すると、当たり前の過程を経て当然の結果に帰結している。未知の現象や、これまでの知識で理解できないことは先ず起きていない。それなのになぜ事前にそれが分からなかったのだろう、気づかなかったのだろうと悔やまれることが多い。それは、我々人間にとって見えないものの存在があるからに他ならない。

　図5-2のブロック塀は我々が作ったり制定したりする設備やルール、方法、手順などを表している。そういったものを作る時、我々が拠り所とするのは、理論、失敗や成功の経験、そして所属部署の規則やルール、更に新たに学んだことや外部から得た情報など、全て既知の情報であり知識である。もちろん、これから作

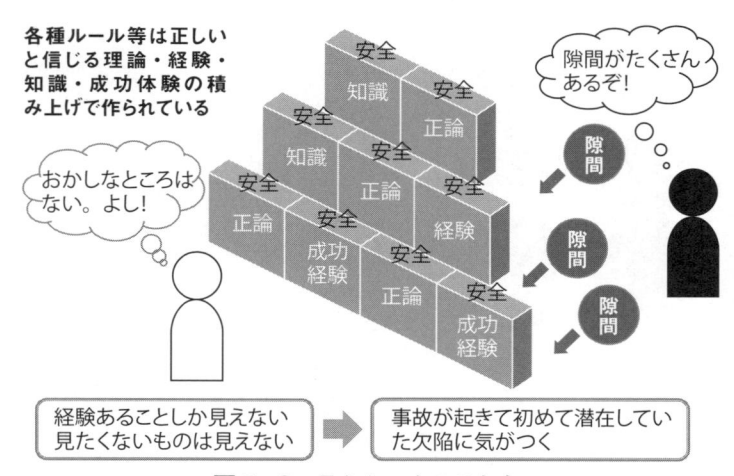

図5-2　見えないものの存在

るモノなのだから分かっていないこととか、上手く行かない仕組みなどを織り込むわけがない。従ってでき上がったものは完璧である。但し、現時点の、そして作成に携わった者の知識、経験の範囲においてである。そして、その決め事が何か不具合を起こしたり、問題を醸し出したりした時、我々、そして作成に携わった者は初めてその欠陥に気づくのである。これが見えないものの正体であって、起きてから検証してみて、知っていたけれど予測できなかったことや、まさかそんなことにはなるとは思っていなかったことに気づかされるのである。事故は往々にしてこういったところにその発端がある。これが俗に言う潜在リスクであって、これに事前に気づいていれば当然我々はその回避策を織り込んでものごとを決める力も知恵も持っているのに、残念ながら我々はその制定時、決断時にそれに気づかなかった、見えなかった、知らなかったのである。理屈から言えば、この見えないものをなくせば事故は防げるのだが、これがなかなか難しい。全てのことは無理にしても、事故が起きる前にこの見えないものにできるだけ多く気づくにはどうするのか、どうすれば気づきの範囲を広げられるのかというのが本章の主題である。

**　人間は知っていること、経験あることしか見えない。そして、事故が起きて初めて見えなかったものに気づくのである。**

4　事故事例を知る

　前章までに述べてきたように、プロセス事故の直接原因は異常反応や暴走反応であっても、その引き金は多くの場合、操作ミスであったり、管理が不十分だった設備劣化であったり、種々の現場管理業務のミスであったり、確認ミスを含む不安全行動であったりしたように、労災事故を含め事故の本質原因の過半は様々な人間活動のミスである。そして、それらは前節で述べたように、起きるまで我々には見えていないし、気づいてもいない。しかも事前にそれらを認識することは至難の業なのである。

　このことから注目すべきは数多くの事故事例である。なぜなら事故事例こそ誰かがその時まで何かに気づかなかった結果であり、同じような盲点や気づき不足は我々誰もが抱えている可能性が高いからである。即ち、事故は人間の失敗であり、我々に気づきにくい何かが、気づかなかった何かがそこにあったことの証拠なのである。そして、多少業種が違っても、扱っているプロセスが異なっても、同じような製造環境で仕事をしている仲間が「ここに気づかなかった、知恵が回らなかった。」と教えてくれる貴重な情報でもある。換言すれば事故は失敗の塊であって、その失敗を知ることは同じ失敗をしないこと、即ち事故を防ぐことに直結する。やや極端な言い方をすれば、事故を起こす知恵があれば、事故を防ぐことができるとも言えるのである。

　我々は事故と聞くとどうしても何がどうしてどうなった、とその発災プロセス、何がきっかけで、それがどう発展して、最終的にどうなった、被害の程度はどうだったのかといったことに注目してしまう。もちろん何が起こったのかを知ることは大切である

し、それが出発点なのであるが、その過程を一通り解釈するとその事故について分かってしまったような気になりがちである。自分のところと同じプロセス、同じ工程、同じ作業で起きた事故であるならば、発災プロセスを細かく検証して、自分のところで同じ事故の再発を防止することに真剣に取り組むが、製造プロセスにそれほど類似性がないと思われる現場に携わる者は、同じような事故を起こさないようにしようと思うだけで済ませてしまう傾向にある。それでは報道のニュースで流れる情報を、無関係ではない仕事に従事している身として、刹那的に少しばかり注意深く聞いたに過ぎないのであって、そこに隠された価値ある情報を活用しているとは言い難い。事故事例を知り、そこから何を読み取り、価値ある情報としてどう生かしていくか、次節以下でそれを整理してみる。

　　事故事例は現場で働く仲間が気づくことができなかった結果である。自分の現場にも同様の気づいていない点がないか再点検する絶好の機会なのである。事故情報を単にニュースとして受け取るのではなく、事故を知ることは事故を防ぐことに直結するとの意識で受け止めて欲しい。

5　何が失敗だったのかを考える

　同じ製品を類似のプロセスで製造している工場が異常反応による事故を起こしたとしたら、自分の工程を総ざらいすることは必須であるし、誰もがそう思う。フィルムの巻き取り工程で重大な労災事故があれば、フィルム工場では同じような個所がないか、安全対策が十分かの検証がなされる。でも、製造品目が全く異なるプロセスでの異常反応を聞いた時自プロセスの総ざらいが必要とは普通考えない。巻き取り工程の事故を耳にしても、巻き取り工程を持たない工場では大して参考にならない情報にしか思えないのは当然である。

　しかし、事故事例から学ぶべき事項は、もう一歩深い所に着目することで見えてくることが多い。反応の暴走と聞き、それを扱っていた工場では扱う物質の反応特性、潜在する異常反応に対する検証がなされていなかったのではないだろうか、非定常時のリスクアセスメントに抜けがあったのではないだろうか、そこに本質的な失敗があったのではないだろうかと考えた時、自分の工場で扱う物質の非定常状態時に潜在するかもしれない特性について、十分なリスクアセスメントができているかを、今一度確認しておくことの必要性に気づくのではなかろうか。

　一般的な工程で起きた労災事故についても、事故報告書等で述べられる安全設備、作業手順、ルール順守などに関する現況と不備、事故への影響などは、自職場に対する再確認も行い易いが、もう一歩深く、作業手順書があるのに、安全設備もそれなりにあったはずなのに、作業指示も示されていたはずなのに、なぜ事故になったのかまで考えていくと、手順書が適切だったのか、安全設

備に抜けはなかったのか、作業指示は的確であり、全員が共有できていたのか、そもそもきちんとルールを守るという安全意識は工場に十分だったのかというような、より基本的な原因が示唆されるケースも多数認められる。先述したように、人は気がつけばそれなりに事故防止策や軽減策をとる。それにも関わらず事故になったということは、こういった基本的な工場の文化にも失敗に繋がる問題点はなかったのだろうかと考えることによって、その事故を教訓として有効に自職場に生かすことができるようになる。

ここ数年の間に起きた大きな産業事故からは、工事の環境設定の失敗、改造にともなう変更管理の不備、作業要領の変更の徹底と共有化未達、非定常時の潜在リスクの検証の不備、インターロック機能の教育不十分、取り扱い物質に関わる知見や研究の不足、設備設計条件に対する配慮の失念、作業指示や連絡のミスなどが、発災の直接のトリガーとなった事象の背景にあった本質的な問題点（失敗）と捉えられ、各社の安全施策見直しや、業界全体の安全施策制定へのきっかけとなっている。更にこれらの背景には、より深いレベルで情報の伝達、共有、という安全文化上の問題が、リスクアセスメントの力量低下という課題とともに指摘されている。

事故の背景には、何らかの人間の失敗がある。設計ミス、管理ミス、操作ミス…。事故情報に操作ミスとあっても、操作方法なのか、操作指示なのか、操作要領なのか、そのどこに失敗があったのかを考えないと、自職場での再発防止には繋がらない。少なくとも製造現場での事故情報を、我々は一般ニュースと同じように聞くのではなく、いろいろな角度からの詮索や疑いを持って聞くことが肝要である。

6　なぜその失敗をしたのかを考える

　知らなかった、指示通り行わなかった（行えなかった）、操作手順を間違った、ルールを守らなかった、設備劣化が想定外だった、などが事故の原因であると片付けてしまう前に、「なぜできなかった」「なぜ間違った」「なぜそんな行動をとった」「なぜ気づかなかった」ということに視点を置き、「人は忘れる」「人は間違える」ことを大前提として考えていかないと、同じ間違いを何度も繰り返すことになる。できなかったのは知らなかったからなのか、知らなかったのは教わったことも、勉強したこともなかったのか、過去に教えられていたけれど忘れてしまったのかによって、対応は違ってくる。知っていたけど上手くできなかったのは、やり方が下手だったのか、やり難い操作だったのかによって、訓練（練習）すれば解決するのか、スイッチの位置や操作位置や表示といった作業環境なり操作方法なりの改善が必要なのかの違いが出てくるし、他プラントへの展開の視点も違ってくる。間違えたのも、指示が明確だったのか、本人の技量と操作指示の内容は適切だったのか、更には本人がその時の業務の内容や運転状況の中で、その操作の位置づけや必要性、緊急度などを正しく認識できていたかどうか、操作内容に対する納得感は十分だったかなども間違いの背景には関わってくる。なぜそんな行動をとったかも、マニュアルにどう記載され、それをどう教育し、本人がどうそれを理解し習得していたかという視点とともに、ルール通りしなかったのならば、ルールは誰でも理解できる、守れる、守り易いルールだったのか、本人や職場は本当に普段からルール順守の文化が行き渡っていたかどうかという視点も必要であろう。更にその時の本

人の体調、個人的悩み、考え事などの精神状態や、職場環境に勘違いやミスに繋がるものがなかったかどうか、なども分かる範囲で事故事例から読み取り、再発防止に向けた施策に織り込みたいものである。同じプロセス、同じ状況での同種事故の再発防止は手順、ルールの見直しや徹底、設備管理の見直しで防げるとしても、事故事例を安全レベルの一層の向上や強化に資するならば、これらの「なぜ」を整理しないと誰かが痛い思いをしてまで示してくれた貴重な教訓を広く生かすことはできない。設計や設備管理に原因があるとすれば、その知識がなかったのか、考えが至らなかったのか、あるいはそれが予見できるだけのデータがなかったのか等々、失敗の本質原因に立ち入ることによって、事故の本当の背景、そして自分たちが確認すべき現場の要目や改善すべき点が見えてくるのである。

　これらのことは発災過程について「何が」「どうなって」「結果どうなった」といった表面的な解釈だけでは絶対に手にすることができない情報である。「なぜ」「どうして」という視点で理解を深め、そしてこれを自分たちの現場に跳ね返し、自分たちの現場にもあるかもしれないそれらの要因を検証し、改善することによって、初めてより安全な強い現場ができてくるのである。

　自分たちの社内の事故であれば、これらのことはかなり詳細に把握できよう。しかし他社の事故事例でここまで類推することはかなり困難である。しかし、このような視点を持ち社外の事故事例を読み込もうとする姿勢は貴重であり、その姿勢が必ず自分たちの気づき力の強化に繋がると信じるところである。大きな事故の際に報告される事故報告書もこういった視点で検証して欲しいのである。

　何を失敗したのかの理解ではなくなぜその失敗をしたのかまで洞察する、そしてその失敗が自分の現場で起こさないための方策を立てる、それが事故事例の正しい活用である。マニュアルや作業環境の見直しや教育の徹底などだけではなく、個人の心、意思伝達や情報共有といった職場の雰囲気や習慣といった面までを、なぜを考える範囲として広げることによって思わぬ問題点が見つかることもある。

7 なぜを考える時、ノウホワイや原理原則を念頭に置く

　自然科学は嘘をつかない。水は高い所から低い所へ流れる。ということは低い所には水なり液体は溜まっている可能性がある。

　逆に軽い気体は重い気体よりも上に上がる。だから水素ガスは容器の上部には溜まっている可能性があるし、蒸発した水分は水蒸気となって上昇し冷えれば凝縮しまた下部に落ちてくる。そして、水分の蒸発、凝縮の繰り返しは腐食環境としては一般に大変厳しく、これが装置内液面の腐食や断熱材下部での外面腐食の大きな原因になる。物質は一般に冷えれば収縮し、温度が上がれば膨張する。ということは温度の変化によりフランジは緩む可能性があるし、フランジだけが冷やされれば伸びているボルトによる締付力は下がることになる。金属材料は、条件によっては繰り返される熱ひずみで疲労する可能性もある。

　様々な化学物質は条件によっては反応するし、その反応速度は温度や圧力により劇的に変化することもある。これが一般に言われる暴走反応に繋がるし、そこまで行かなくとも反応条件の変動は副生物の生成割合を変え品質異常を来す原因になる。腐食も同じように成分、温度、流速などの条件の変動によりその速度は変化するし、流速の低下する個所や滞留部では、堆積した析出物や沈殿物に覆われた個所で他の流動個所とは全く違う腐食環境が生じている可能性がある。

　大小様々な事故事例でも、これらの科学的原則に従わない事例は皆無である。事故事例をこういった原理原則を踏まえながら検証することが、事故の発災や進展プロセスばかりに気を捕らわれ

るのではなく、類似の事象に対する想像力の涵養、自分のプラントにも存在し得る事故に繋がる要因の気づきに繋がるのである。

　例えば、長年にわたって内部流体を保持したままであったポンプの予備機ラインの配管下部が想定外の腐食速度で開孔した時に、同じような予備機周囲の配管のチェックはもちろんのことであるが、長期滞留→何らかの沈降物→腐食環境の変化という現象のノウホワイを考えれば、系内にある緊急時のパージライン、コントロールバルブのバイパス配管、液抜きノズル、液面計の下部ノズルなども検証、確認の要否を検討するべきなのである。[5]

　製造プロセスで起きたことのなぜを考える時、全ての事象は科学的原理原則に従って進むということを忘れてはいけない。そのことから、同じノウホワイが適応できる可能性の高い重要な検証ポイントが見つかることも多い。

---

8 なぜを考え原理原則から次を想像できる力を身に着ける

　事故情報を見た時、あるいは日常業務に当たっている時、現場に出た時、常にこれまで述べて来たような「なぜ」に気が回り、様々な事象を推理し、想像できる力が大切なのだが、それはどうやって身に着けるものなのだろうか。

　第一に必要なのは、基本的な科学的原理原則の知識である。高度なものや詳細な定量的評価は専門家に任せれば良いが、現場で見て直ぐに分かるもの、もしかしたら何かおかしなことが起こるかもしれない、そんなことを科学的に考えようとする習慣を身に着けて欲しいのである。そのためには数学、物理、化学といった基礎的な科学知識、そして自分の担当するプロセスやプラントに関わる一般的な知識、例えばプロセスの主要な反応や各工程の持つ機能、そしてその運転条件、取り扱い物質の特性、機械設備の構造や取り扱いの注意点、バルブや計器、電動機など付属設備の構造、そしてある意味プラントの個性の表れでもある保全上の特性や課題などの情報は持っていたい。いずれも導入教育で教えられたものを確実に身に着け、日々の業務を通して習得できているはずの知識である。そして、日々の作業や運転を通して教えられ、自ら経験し、学んだ当たり前の作業のノウホワイや失敗の経験と、それらについてなぜだろうと考える知的好奇心の維持もまた重要である。

　こういった姿勢や知識があって初めて、他のトラブル情報を見た時に、単に発災過程を追うのではなく、なぜそんなことになった、なぜそこでミスが起きたと事故情報を深く考えることができ

るのである。こんなことにはなっていなかっただろうか、もしか
したらこういう背景があるのではないかといった想像力を働かせ
ることが大切である。もちろん本章 3. 項で述べた通り、我々は
知らないことは見えない。気がつく術もない。でもこの知らない
ことや、気づかなかったことを教えてくれるのが事故情報なので
ある。事故情報や自らの失敗の経験を折り重ね、反芻することに
より、「変更管理にこんな見損じもあり得るのだとしたら、我々
のやり方にもその穴はあるのではないか」「工事の環境設定には
細心の注意を払っているけれど、こんな盲点があったとすると、
我々の今のルールにも、これに似た盲点があるのではないだろう
か」「ルールは完璧に見える。でも実際にこんなミスが起こると
いうことは、その徹底に不十分なところがあったのではないか。
それなら今のルールの周知や確認方法、そして監査にも改めるべ
きことがあるのではないか」「こんな簡単な当たり前のことになぜ
気づかなかったのだろう。指示を間違いなく伝える方法や、当
たり前のことを落ちなく徹底することがまだまだ不足しているの
ではないか」「こんな状況で漏れた？それならプロセスは全然違
うけど、うちの現場のあそこも見ておいた方が良いな…。」といっ
たような貴重な気づきに繋がるのである。

　我々は知らないことは見えない。気づかない。でも何かのきっ
かけや、違和感を持った時、それを科学的な原理原則に照らして
「なぜだ？」と考えることはできる。そして、これまでの経験や学
習したことを当て込んでいくことで、その理由に近づくことはで
きる。自分たちの部署のその新たな情報や気づきを展開する力は、
そういった考える姿勢と知的好奇心が支えてくれるのである。

9 失敗経験の重要さ（事故の水平展開）

　我々は上手くいった結果は覚えていても、その時の経過はあまり強い記憶に残らないし、「こうやったら上手くいった」という成功体験はそのすぐ傍らに辛うじて通過したリスクや、偶々無難に過ぎてしまった大失敗の要因があったとしても気づかないことが多い。そして事故は、今回は辛うじての通過ができなかった事象、無難には終わらなかった事例の塊なのである。正しいと信じて日々行っていることや、これまで無難に済ませてきたことの裏側や、すぐ横にあった、ありがたくないものが顕在化したものが事故ともいえる。ということは繰り返しになるが、事故事例、即ち失敗事例を学ぶことは、そういった見逃し点を教えてくれること、事故を防ぐことに直結するのである。

　正しい設計方法、正しい操作手順、運転方法を学ぶことはもちろん大切であるが、その傍らに存在した失敗事例を通して学んだり、疑似体験で知った原理原則や関連知識は、単に理論や手法を座学や教科書で理解した場合より一層確かなものとして身に着き、そして忘れない。更にそれをベースに、前節で述べたような「なぜ」と「原理原則」、そして「人間の行動特性」といったものを念頭に置いておく習慣は、「なぜ」を考える感性に更に磨きをかける。だから先輩は自分の失敗を後輩に伝えて欲しい。我々一人ひとりが経験した失敗や失敗しそうになった経験、ヒヤリハットでも良い、そういったものをどんどん発信して、みんなで共有し、みんなの経験として積み上げていくことが、現場の安全レベルを高めるのである。

　同じような事故を起こさないこと、そして事故で気づかされた

これまで余り注意を払っていなかった点や、抜けがあったルール
や設備の改善を目的に、事故の再発防止策の水平展開が行われる。
しかし、ここで注意しなくてはいけないのは、水平展開するのは
単に事故内容ではないということである。もちろんどんな事故
だったかは知らなければならないが、その事故の背景、見えなかっ
たもの、そして裏に潜む問題こそが水平展開しなければならない
事項なのである。従って、事故の水平展開と称して、よく言われ
る「事故内容を説明し、同種の事故を起こさないように注意喚起
しました。」では、単にニュースとしての事故を連絡しただけで
あり、「仲間の痛い思いの活用」とか、「事故を知ることが事故を
防ぐことに直結する」という考え方には程遠いのである。その気
になれば事故情報は無数にある。これら総てを周知したり、水平
展開したりすることは物理的にも無理であるが、その中から、自
分たちに役立つ、学ぶものが多い事例を抽出し、その代わりその
事故についてはノウホワイの理解、同種の科学的課題への展開、
そして背景にある本質的な課題まで消化した水平展開をしたいも
のである。

　　**自分の現場はもちろん、例えそれが他工場であっても、他社で
あっても、同じ事故、即ち同じ失敗を繰り返すことは許されない。
同種事故を起こさないことが水平展開の基本であるが、その事故
に繋がっていた科学的原理原則の改めての確認や展開、これまで
当たり前と思っていた慣習の再検証の提起など、事故事例には価
値ある情報が詰まっている。それらを見落とさないような水平展
開を行いたいものである。**

⑩ 事故情報から"なぜ"を読み取り、次に展開できる力を身に着ける教育

　「馬を水辺に連れていくことはできても、水を飲ませることはできない。」という諺がある。

　我々は馬を水が飲める状態にしてやることはできても、水を飲むか飲まないかは馬次第ということであって、我々の考える教育も、機会を作ったり与えたりすることはできても、その成果が実を結ぶかどうかは本人次第ということに繋がる。

　初期の基礎教育や導入部分の教育は「早く一人前になりたい」「現場の言葉が理解できるように、運転が分かるようになりたい」といった本人のモチベーションがあって初めて教育の成果が得られる。そして本人のモチベーションを高めるためには「君たちに

大いに期待している」といった上司先輩からの動機付けも重要である。もちろんこういった初期導入教育、基礎知識は極めて重要ではあるものの、その知識だけでは「気づき」や「なぜ」に繋がる知識としては甚だ脆弱である。基礎知識を身に着けた上で、いわゆる実践教育と言われるような実務経験や、その中でのちょっとした工夫、失敗、そして成功体験などが折り重なって初めて気づきやなぜに繋がる知識の連鎖が生まれてくるのである。一般的な教育形態である「こうすれば上手くできる」「こうすれば安全である」という教育は必要だし、基本でもあって数多く行われているけれど、その成果は事故を起こさないための知識としては「こうして失敗した」「ここでしくじって事故になった」という事故事例をベースにした教育には遠く及ばない。それはなぜだろう。結論から言えば、それは聞き手がその失敗や事故の理由を求めていて、その答えを納める引き出しを用意して聴こうとしているからである。その失敗や事故は、そのミスをしなければ起きなかったという容易に理解できる単純、明解な答えが語られ、そしてそれは聞き流されることなく引き出しに納まるからである。簡単な例を挙げると、内部のパージや置換作業の重要さは何度も聞かされているし、実際に現場でも経験している。そしてこれまでこれという失敗は経験していない。でも事故事例として、仕切弁のボンネット内部がパージ、置換されていなかったために被液したとか、入槽した槽内の一部が置換不足で酸素濃度が所定値に達していなかった、あるいはバルブカットになっていた一部流体がバルブの漏れにより系内に流入していたため重大ヒヤリを起こしてしまったなどの事象を聞いた時、その情報はすぐ次の日から現場作業に生かされるであろう。ルールや作業手順は理解していても、

実際にそこにミスがあったということは、詳しく知っている自らの作業そのものをもう一度見直す、考える良い機会となるのである。

「引き出しを用意しているか」は一般的な教育でも同じことが言える。自らが悩んだり困ったりしていたことや、知りたかったことの解は、例えそれが教えられたものであれ、自分でたどり着いたものであれ、受け入れるべき引き出しができているから、そこに納まり長く残ることになるが、義務的に（一般教育もその一部かもしれないが）聞かされた話や、あまり興味もなかったけれど、職場から誰か代表で聞いてこいと言われたような話は、もともと聞いた話を受け入れる引き出しができていないから、納まりようがない。従って、時間とともに薄れてしまう。正に「喉の乾いた馬しか水は飲まない。」の例えのように、その情報に飢えた状態に追い込むことが、教育の成果を高める要点と言えるのである。

最近になって、体感教育が花盛りである。痛い思い、怖い思いを疑似体験したり、なかなかお目にかからない現象や普通は見えない現象を実際に目で確かめたりすることで、教育内容を長く記憶に留めたり、身体でその感触を味わったりして教育の実効を高めよう、言い換えれば、腹落ちさせようとする教育である。普通は先ず経験することのない爆発の激しさを目の当たりにしたり、自覚の無い自分の静電気帯電量が、十分に発火、爆発の基点になり得ることを見たり、流体の系内残留を透明な設備により目で見ることによって、パージや置換作業のポイントを確認したりと、普段現場のすぐ横で起きている事象について、講義では経験できない体感を通して学習することで、教育の効果を得ることができる。フランジ割りや閉塞物除去に伴う残圧の怖さ、その内容物を被液するということと、被液しないための姿勢、気密試験と水圧

試験の使い分けの理由や万一の場合のその影響力の差、巻き込まれの起き易さやその予想外の力、イメージするのとは大きく異なる落下衝撃など、現場では経験してはならない、経験できない、でもすぐ傍にある危険を、身を持って経験することは、いわゆる現場力、現場勘といった目に見えない力を体得させるための貴重な経験になる。

　教育の良否はカリキュラムや掛けた時間ではなくその成果である。しかし、これはなかなか測定できない。知識や運転技能は例えば試験や実技確認で測定できるが、ここで言うなぜを考え、それを展開するような力は受講者の内部にあるため、外部からは判断し難いのが現実である。

　教育を受けた者が納得し、自分のものと実感できるためには、腹落ちすることが必要である。そのためには受け身ではなく、自ら求める教育、そこが知りたかったと思える教育の機会を与えることが肝要であって、正に飢えた状態、喉が渇いた状態で、教えられたことを納める引き出しを用意して教育を受ける形にしたいのである。

メモ用紙に鉛筆でサラサラと設計検証ができる専門知識

設備設計部門の若き担当者だった頃の話。

フルジャケット容器のジャケットと本体との接合部に割れが入るトラブルに遭遇して、その対応策に苦労していた時期がある。熱膨張差により接合部に掛かる曲げモーメントが許容値を超えていることは明らかであったが、さて、形状をどう修正すれば伝熱効率を変えずにそれを回避することができるのか、そもそもどんなモデルで強度設計をすべきなのかなど、経験も少なく専門書だけを頼りに格闘を続けていた。そんな私を見て、ある先輩が「貸してみな。」と机に広げていたその機器の図面を引き寄せ、しばらく眺めた後、やおらメモ用紙を取り出して鉛筆で何やらメモ書きを始めた。やがて「これで良いんじゃないか。」と言って渡してくれたメモには、簡単なモデル図と、数行のこれまで格闘していた強度計算式が書かれていた。但し、検証の対象範囲は私が考えていたような機器全体を扱うものとは違い、そのごく一部を取り出しての計算であった。そしてそこにはオーダーレベルの大まかなものではあったが、対応策の具体的数値まで示されていた。「そうか。こんな風に、部分で考えればいいんだ。所詮円筒容器である。円周全体を考えようと難しいことを試みるのではなく、その一部で考えても同じことなんだ。」と正に目から鱗の思いであった。それにしても、部下に考えさせ、苦しませた上で、何の手引きも使わず答えの方向性をメモ紙に鉛筆でさらっと書き示してくれた先輩の見識とその専門知識の深さには、今でも頭が下がる思いである。後刻その考え方に基づききちんと計算をしてみたが、結論はメモ用紙に示された値と大差のない結果であったし、その対策によってこの割れのトラブルは解消された。

部分モデルを考えて問題を解決する手法は、設備の強度計算においては一つの常套手段であることは知っていたが、自分の抱えた問題に

こういった考え方を臨機応変に応用すること、そしてオーダーレベルで良いからアイデアの検証ができる知識を持つことの重要さを深く教えられた出来事であったし、もう一点は部下に考えさせ、苦しませ、その上で答えを受け容れる引き出しができた上で解決策の方向を示すという後進の指導のポイントも教えられた出来事であった。そのいずれもが、その後の筆者の仕事に向かう基本的な姿勢に繋がったものと思っている。

⑪ ブラックボックス化する設備にも原理原則の知識が必要（知の連鎖）

さて、昨今の技術、特に IT 技術の急激な進歩によって製造現場も大きく変わりつつある。複雑な操作手順はコンピュータ化され、起動ボタンを押しさえすればあとは自動的に運転を立ち上げてくれる装置も多く見られるようになってきた。人が介在することによって時に起こしていた仕損じやミスもなくなった反面、名人芸も入り込む余地がなくなってきている。極端な言い方であるが、装置が何をしているのか、装置の中で何が起きているのかを知らなくても、起動ボタンを押せば製造が始まる。いわゆる装置のブラックボックス化である。安全運転、安定供給のためには喜ばしいことであるが、一方で装置の不調やその他何らかの原因による系の乱れによって自動化に織り込まれていない事象が生じた場合の処置は、やはり人に頼らざるを得ないものが数多くある。

装置の中で何が起きているのか、通常はどう処理がなされているのか、系の乱れが抱えるリスクにどんなものがあるのかなどを弁えず、自動化された設備に頼って、単に設備を動かしているだけだったら、この乱れに対し決して適切な対処はできない。必ずしも自動化されていたわけではなかったけれど、ここ数年の間にも、設備の中で何が起きているのか、それはどうすべきなのかが分かっていれば、起こさずに済んだ事故がいくつも認められる。今日、非定常状態のリスクアセスメントが特にやかましく言われるのは、こういったプラントの内部で起きている事象の理解や、そのノウホワイに関する知識に明らかに低下が見て取れるからである。どんなに自動化が進もうと、ブラックボックス化が進展しよ

うと、装置の中で起きているのは科学的原理原則通りのことである。除熱が進まなければ温度は上がる。温度が上がれば反応速度は上がり、その反応熱は更に系の温度を上昇させ反応を加速させる。

　自動化された設備ではなくとも、こういった原理原則を運転時、常に意識しているだろうか。DCS 画面の裏側で、設備が過大な負荷に喘いでいないか、身をすり減らして頑張っているのではないか、いや余裕で動いているのか、そしてこのセクションがこの状態だと、別のセクションはどうなのか、普段とは違うことが起きているのではないかというような、そんなことを考えて運転しているだろうか。この視点は運転だけではない。設計でも、保全でも、その箇所が普段はどんな負荷の下で何をしているのか、想定したある異常時にそこはどうなるのか、運転時にその箇所は、どのくらい余裕があるのかそれとも設計限度ぎりぎりのところで働かせているのか、そういったことにも目を配る気働きが必要である。

　しかし、これらの気配りはチェックリストでは押さえきれない。またいつ、どう気配りするかなどということはマニュアルにもルールにもできない。正しく感性、あるいは多様な知識や経験、推理力、想像力などから醸し出される「知の連鎖」なのである。

　マニュアルにも、作業要領書にもないが、自分の扱っているプラントの中で流体がどうなっているか、そして今、それがどんな状態で何をしているのかを考えて欲しい。その知恵があれば、通常の設備であればもちろん、例えブラックボックス化された設備であっても、不調時に次に取るべき対処案が手の届くところにある。経験や幅広い科学的な思考力、想像力を組み合わせた知の連鎖が、こういう時こそ求められるのである。

---

12 知識ではカバーできないこと（怖さと喜び）

　知識ではカバーできないこととは、連想する、想像する、予想する、思い出すといったこれまでどこかで聞いたとか見たとかいったものから類推するのとは違った事象であって、マニュアルにも書かれていないし、教科書や事故報告書にも書かれていない分野のことである。その一つは「恐れ」「恐怖」であり、一つは「喜び」である。そしてこれらの事象はほとんど唯一、先輩やその経験者が語ることによってのみ伝えることができる。

　不幸にして大きな事故を体験した先輩の口から語られる、死を覚悟した一瞬の恐怖、膝が震え、心臓がバクバクとしたような記憶、そして仲間や部下を亡くした悲しみと自責の念、そのご命日に今でも毎年お墓参りを続けているという背負った十字架の重さなど、事故報告書や教科書には決して書かれていないこういった人としての心の襞もまた、事故を起こしてはならないという製造に携わる者にとっての重要な感性なのである。このような話を聞く時の後輩の眼差しは真剣そのものであるし、その意味、思いに対する認識や聞き逃すまいとする姿勢も並大抵のものではない。

　一方で、開発段階の検討から、苦心に苦心を重ね、その製品が初めて製造ラインから出てきた時、トラブルが続きなかなか動かなかったプラントが関係者の昼夜を徹しての苦労の結果、安定して稼働し、生産に寄与し始めた時の喜びなども、製造現場に携わる者の、製造現場を、生産設備を、そしてその職場を自らのものと考え、意識するための大切な経験である。いつか自分もそのように、素晴らしい設備、安全な現場を作ることに貢献したいと考えない若い人がいるだろうか？

　これらのことは文章にしたとしても、小説ならともかく、記録、報告、教育といった通常の業務上の文章ではその「熱」は伝わらないし、「本当の怖さ」も伝わらない。何よりも先輩の生の声こそがその「熱」「本当の怖さ」を伝え得る手段なのである。だから先輩は自分の失敗を語り伝えて欲しいし、自慢話もしなければならない。それが先輩の義務であり、責任でもあるはずである。

　実は「怖さ」「喜び」というのは、本当に実感を持って学ぶ機会はほとんどない。それは学ぶというより体感するものだからである。一般論ではなく、自分の働く現場で起きた個別論、特に「恐怖」を知ることは何にも勝る安全教育になる。だから先輩諸氏はこぞって自らの失敗を語って欲しい。それが恐らく最も実効ある強力な手段だからである。

　また、「喜び」「成功体験」も伝えて欲しい。これは身近にあるモチベーションアップに繋がる糧でもあるからである。

夜中、撹拌槽に入ってきた部長

　ある新規大型プロセスの総合試運転が佳境に差し掛かっていた頃、プロセスの心臓部ともいえる反応器で、予想もしていなかった腐食が起き、手探りでその対策に喘いでいた時の話である。

　確たる再現性も無く、といって単なる初期現象と割り切れるレベルでもなく、発生原因の特定ができない状況に、設計・建設の主担当であった筆者はもう一度腐食箇所を目で見てみようと深夜、内径３ｍ、高さ10ｍに及ぶその大きな撹拌槽に潜り込み、腐食箇所を懸命に観察していた。その時突然後ろから声がした。

　「おい、困ったなぁ…。何か分かってきたか？」
見るとそこにいたのは製造部長である。
《エーッ部長？　何でこんな時間に部長がここに…？》

　「いやまだ皆目見当がついていません。この表面の粗れが今後どう進展するのか。万に一つもライニングの厚みを食いつぶすようなことがあったら、それこそとんでもないことになりますし…。」

　「そうなんだよな。別に俺がここに来ても何の役にも立たないんだけど、心配でな。それに報告は上がってくるけれど、実際に自分の目で見ておくことが大切だしな。」

　「ありがとうございます。材料メーカーとも検討を進めていて、明日以降こんなトライアルもしてみようと思っています。一方で腐食箇所の補修は…。」

　「頼むよな。このプラントが予定通り動くかどうかは、社の経営にも影響が極めて大きいし…。それはそうと、試運転のこの時期、君の部署はこんなトラブルが無くても毎日遅くなるんだろう。無理をして身体を壊さないようにしてくれよ。頼むよと言っておいて、矛盾しているけど…。」

　そう言い残して部長は縄梯子を昇って行き、私は作業に戻った。し

かし、後になって、トラブルを起こしているとは言え、夜中に設備の担当が潜り込んでいる撹拌槽の底まで部長が一人で降りてきたということ、そして、身体に気をつけて頑張ってくれ！と言ってくれたことの重さを感じたのである。《この方も『現場』への強い愛着を持って、この仕事に身体を張っている！》

その後多少時間はかかったがこのトラブルは沈静化した。

それから 20 余年、この部長は社のトップになったが、今更ながら《現場が原点ということ》《それを支え、伝えるのは人》という現場経営のそれこそ原点といったものを教えられた気がしている。

第6章

リスクに気がつく
リスクに対処する

　ここまで、我々の現場は何を作り、そのためにどうなっているのかを知ること、そしてそこにはどんな危険が潜み、どんな事故・トラブルにつながるのか、それはどうやったら知ることができるのかを整理してきた。そして、すぐには見えないそれらの危険に、どうしたら気づくことができるか、そのためにはどんな教育が必要なのかを述べてきた。

　本章では気づかなければならない存在する危険、即ちリスクというものについて改めて整理してみる。

1　危険源・ハザードとは

　リスクについて整理する前に、今一度危険源、危害を及ぼす原因について確認しておく。

　危険源をハザードといい、ハザードは人の肉体面・健康面への影響、様々なシステムへの影響、環境への影響を与え得る、または事故発生の可能性がある物理的・科学的状態、あるいはシステム特性と定義できる。製造現場にあるハザードを挙げてみると、物質が持つものに可燃性、爆発性、反応性、毒性、腐食性、プロセスの保有する高温、低温、高圧、真空、速度、重量、業務環境にある高温、多湿、騒音、時間制約、情報の枯渇・過多・錯綜、そして外部からの侵入、襲来、荒天、浸水…そして作業や操作に潜む複雑・錯綜、難解、狭隘、高所（落下）、移動（転倒・激突）、更には人間の行動に伴う、勘違い、認識違いによる操作ミスや指示ミス、あるいは意図した違反行動等々実に数多くのハザードが存在していることが分かる。これらのハザードはそれぞれに強弱があって、人命に関わるレベルのもの、大きな爆発・火災の可能

性を秘めているものから、起きても軽微な被害にしかならないもの、品質の振れでおさまるレベルまでその影響の幅は広い。そして、それらのハザードが顕在化する確率がある。例えば、常時通る歩行路の段差は転倒に繋がる確率が高いハザードであるが、整備の時にしか行かないタンクヤードの一角にある段差で転倒する確率は低く見て良いなどである。これらハザードの持つ影響度、そしてそのハザードが事故、不具合に繋がる確率をみて、我々はそのハザードへの対応を決めていくことになる。

　ハザードとは人に、環境に、様々なシステムに影響を及ぼす可能性のある危険源である。その影響の度合い、影響を与える確率を見て、我々はそれへの対応を決めている。

2 危険源（ハザード）を見つける

　我々の働く工場には取り扱い物質、プロセス、運転操作や作業、工事、そして我々人間の行動など、間違えれば事故やトラブル、環境汚染や人的被害に繋がる危険源が多数あることを前節で述べた。本節ではこれらの危険源をどこでどうやって見つけるかについて整理してみる。

　プラントやある現場の網羅的な危険源の検証は、プラントの設計や運転法の検討時に第一段階の検証が為されるのが普通である。そして設備の詳細設計時や、試運転時にその細部や操作性について更に詰めた検証が行われる。これらは普通デザインレビューと言われ、反応の暴走や系内の閉塞、温度、圧力等設計条件の逸脱要素の排除といったプロセス事故に繋がる要因、そして、内部流体の暴露や作業者への接触の可能性など、多くの危険源がここで設備仕様や操作法の改良によって排除される。従って、プラントが設置された段階でこういった基本的な危険源は数多くの対策によって、ほぼ問題のないレベルに抑えられているのが普通である。

　さて、そのプラントを今度は運転する立場として、説明を受けた運転操作を通して、現場作業を行うに当たって、安全確保のために更に気づきがないか、設計者では気づかなかった盲点がないかを検証することが必要である。もちろん、設計や建設段階での気づきは伝えてあり、それは反映されているだろう。その上で実際に扱ってみて初めて気づくこと、日常の作業に当たって改めて気づくこともあるはずである。そのハザードを明らかにして安全レベルをより高めていくことが大切である。この検証は、設備の

113

仕組みの面では、フローシートや運転マニュアルを追いながら、もしここの操作や確認を間違ったらとか、この制御弁が動かなかったらといった、通常時とは異なる状況が起きた時に、安全に対処できる仕組みができているか、あるいはその変動を回避できる仕組みになっているか、その対応は現有の人員でできるか、そのような現場配置になっているか等を見ていくことである。そして、操作の面でも、操作姿勢が悪く危険を感じる個所や、誤操作をしそうになる個所がないか、同じように修理、調整といった日常保全作業でも、定期修理等の大きな工事に当たっても、様々な臨時作業や変更事象でも、例えば環境設定が確実に行えるか、工事に伴う安全養生は可能かなどを見極めていかなければならない。そういった検証の積み重ねを経て、今日の設備、現場があるわけだが、この検証活動に終わりはなくこれからも継続させることが必要である。即ち新たに見つけたり経験したりした気づきやヒヤリハットも、現場の安全レベルを更に高めるために必須な気づき、検証なのである。これら様々な気づきに対し、次節以降で述べるリスクとしての扱い、評価をして対応していかなければならない。

**　危険源を見つけるというのは前章までに述べてきた気づきの集大成に他ならない。そして、この見つけるという活動に終わりはない。今日の運転で何か見つけなかったか、今の操作は何か気になることがなかったか、一歩先まで、より深く科学的原則に則って、何が起きるか、どんな危険が潜んでいるかを、専門性も含めいろいろな角度から、指摘し合い、その結果を共有し、各人が腹落ちしていることが大切である。**

3 リスクとは

　リスクとは、あるハザードが誘引する「事故等の発生確率とその影響度から選定した好ましくないことの起きるレベル」と定義される。ここで注意すべきポイントは「選定したレベル」ということであり、その言葉通り、リスクは選定したものであって、神から与えられた運命ではない。即ち、選定したリスクとは採用した対策によって、好ましくないことの起きる可能性をそのレベルにしたということであり、我々はこのレベルの危険度は許容する、あるいはこの程度の危険度ならば対処できると判断したということである。だから、まだ危ないと考えるならば更にその危険性を排除する手立てを講じれば良いし、対策が不必要に過剰だとするならば対策を減じても良い。このようにリスクは我々が望むレベルに制御できるし、またそうすべきものなのである。極端なことを言えば、どうしてもその危険性が気になるならばその事象を根源的に排除すれば良い。飛行機は低いけれどある確率で墜落する、墜落すれば死は免れない。これが嫌ならば時間がかかっても飛行機に乗らなければ良い。但し、時間的ロスと他の手段における死亡確率との比較になる。そして、生産事故を絶対に起こさないとするなら、工場の生産活動を停止すれば良いし、タンクからの漏洩を絶対に起こさないためにはタンクに油を入れなければ良いというような、可能ではあっても無意味な対策に繋がる。だから、ある確率を想定し、その程度の確率ならばこの起きて欲しくない事象が起きるのも止むなしと許容しているのが、現行のリスクレベルなのである。

　これを示したのが**図6-1**である。横軸はリスク回避のための

施策量であり縦軸はリスクレベルである。A 点のリスクレベルの事象が、設備改造や自動化（資金投入）や二人作業化（人員投入）などで B 点まで下がった。そしてこの現場としてはこの B 点のリスクレベルなら自分たちの作業は求める安全レベルの確保ができていると判断し、このレベルでリスクを維持、管理していることを表している。

　よくリスクが高いとか大きいとか言うが、これはこのリスクの持つ危険事象が顕在化した時に、例えば死に至るような、あるいは爆発・火災に至るような大きな損失になるからリスクが高いとか大きいと考えてのことであれば、少し違っている。それは起きた場合の事象の影響度（苛酷度）の大小のことだからである。前節で述べたように、リスクとは起きるかもしれない好ましくない事象に対し、何らかの手を打って、我々自身がこの程度の危険性、事故発生の可能性を認め納得した結果でもあるのだから、そのレ

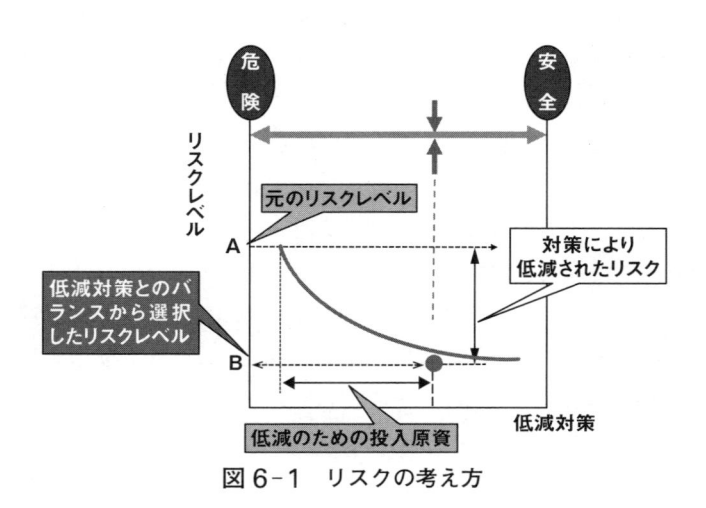

図 6-1　リスクの考え方

ベルが本当は期待しているほど安心できない、即ち起きる確率が思った以上に高く、その割に影響度が大きいという時にリスクレベルが高いとか大きいとか言えるのであって、本当にそうならば、更に手を尽くしてこのリスクレベルを下げれば良い。

　リスクは運命ではない。このくらいの影響度がある事象が、このくらいの確率で起きる、その危険度のレベルを選択したものが、今そこに残っているリスクなのである。従って、リスクレベルは許容レベルを緩めることも、逆に更に低減することもできるのである。

4　リスクの評価

　リスクを許容できるレベルに抑えるためには、先ずそのリスクの大きさを評価しなければならない。即ち、ある望ましくない事象がしばしば起こり得るのか、滅多に起こらないことなのかといった発生確率、そしてそのハザードが生み出す影響度をベースに我々の現場にあるリスクの大きさを判断する必要がある。その一般的な考え方を示したのが**図6-2**（リスクマトリックス）である。あるハザードが顕在化する確率を縦軸に、その影響度を横軸に取った例である。例えば、引火点の低い可燃物と引火点の高い可燃物では万一漏洩した際に着火する確率に大きな差があるし、工場内で納まる水蒸気の漏洩と、地域に影響を及ぼすような有害ガスの漏洩では影響度に格段の差がある。発生確率が高く、且つ影響度（苛酷度）が大きなリスク（図のゾーンAやB）は許容できるはずもなく、そのようなレベルの高いリスクの存在に気づいたなら

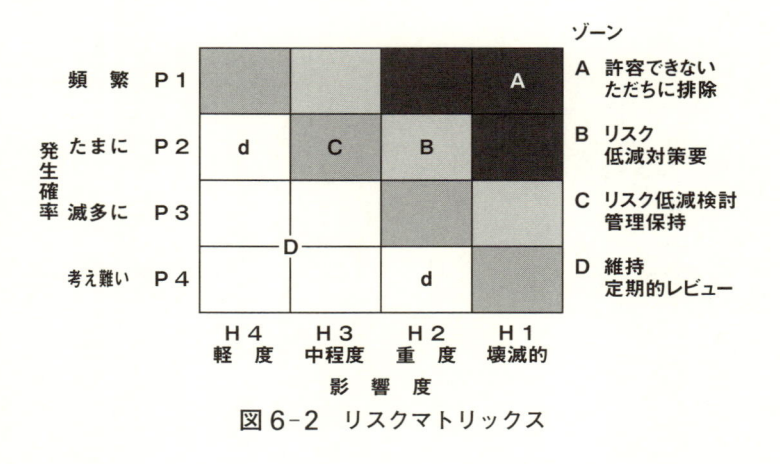

図6-2　リスクマトリックス

118

ば、例えば、操業条件の変更や設備の安全施策の強化など直ちに
リスクの低減策、改善策をとることが求められる。操作のミスに
より製品品質に影響を及ぼすリスクやラインの閉塞により安定運
転に支障を来すなど、放置はできないが比較的リスクレベルが低
いもの（図のCやD）は、例えばマニュアルの充実や教育の徹底な
どでリスクレベルをより低く抑える施策もとられよう。一方で、
影響度は大きいが、経験的にも物理的にもほとんど起こり得ない
事象や、発生確率は低くないが大きな災害に繋がる可能性が考え
難いものなど（図のd）は、定期的なレビューでリスクの存在を確
認・認識しておくことだけで済ますこともある。**図6-2**はこう
いった考えに基づきリスクレベルを算定する方法を示した事例で
ある。

　具体的な事例を示す。

①製造工程で大量に吸引すると生命の危険に関わる有毒ガスを相
　当量使用するプロセスがある。このガスが漏洩すると従業員は
　もちろん、量によっては地域にも多大な影響を与える。従って、
　このハザードのレベルは**図6-2**のＨ１かＨ２になる。次にこ
　の事象の発生は、運転の制御系統が不調になって内圧が上がり
　思わぬ個所から漏洩した場合、あるいは安全弁が作動したのに
　その先にある除害設備が正常に機能しなかった場合などが想定
　できるが、適正に運転され、設備管理がきちんと行われている
　プラントであれば、そう簡単に起こるとも考え難い。つまり発
　生確率は**図6-2**のＰ３と考えられる。従って、総合的なリス
　クレベルはＢあるいはＣとなる。このレベルをこのまま維持
　することは、低減対策をとるべきレベルのＢが関わるので好
　ましくない。そこで更にリスクレベルを下げるべく、例えば制

御系や安全弁の二重化、除害設備の強化、漏れの早期発見のためのガス検知器の設置などによって発生確率を「発生が考え難い」レベルP4まで下げ、リスクレベルをC以下に下げるといった手段がとられることが多い。これらの対策はいずれも発生確率を下げる施策である。一般にリスクレベルの低減は発生確率の低減によってなされることが多いが、ハザードそのものの質やレベルを扱い、リスクの影響度を低減させても良い。しかし、一般的にプロセスの持つリスクレベルを**図6-2**の左方向に移動させるには、プロセスそのもの、この場合には製造原料でもある有毒ガスの持つハザードを下げることになるので、なかなか難しいことが多い。例えば、原料をより毒性の低いガスに変えるとか、プロセス中に保有するガス量を少なくするなどの方法がある。

②労働災害に関するリスク評価も同様である。整備準備や非定常停止など滅多にない作業として、配管ラック上など高所にある弁の閉止操作について考えてみる。この作業の持つハザードはラック上という高所からの転落災害、普段は行わない作業であるための作業箇所誤認による誤操作であろう。高所からの転落は重大災害に繋がるので影響度はH1である。整備準備や非定常停止などは回数こそ少ないが、滅多にない作業とは言い難い。従って、発生確率はP2であり、結果リスクレベルはAとなり、許容できないリスクと判定される。この対策として、高所である作業箇所にアクセスする通路、階段、そして作業床を適切な手すり付き施設で確保することで、転落事故の発生確率は激減する。規則通りの作業をする限り、この作業による転落災害は発生の考え難いP4になり、且つ通路、階段での転倒を考えて

も影響度はＨ２以下となってリスクレベルはＤとなり、対策は万全といえる。同時に作業箇所に操作ガイドのような掲示を明示することにより作業箇所誤認という不安要素も回避される。この対策も転落というハザードの発生確率の低減であるが、一方で階段上部で転倒し階段を滑落するなど、万一の場合の転落も避けることを考えれば、この弁を地上に移設するとか、遠隔操作弁にするとか、あるいはこの弁操作そのものを廃止してしまえば、この転落というハザードは解消してしまうことになる。

　標準的なリスクマトリックスによるリスク評価について説明したが、発生確率をもっと数値的に分類したもの、影響度についても被害金額とか焼失面積、汚染面積、人的損失については死傷の程度などを定量的に扱う方式もある。いずれにせよ危険と認識された事象がどの程度危険なのかを算定し、存在しているリスク、更に対策により低減され残存しているリスクとそのレベルを知っておくことが、現場として重要である。

コラム6　「リスクベース」

　RBMという言葉がある。これはリスクベースマネージメント、あるいはリスクベースメンテナンスの略称であり、本節で述べたリスク評価をベースにして管理方法やメンテナンス方法を決めていくという考え方である。例えば、機器の劣化予想がきちんとできていて不測の事態が起こる可能性は低いと見られる二つの機器があって、万一の場合の影響度が一方は非常に大きく、もう一方はそれほどでもない、あるいは外部への影響がはるかに少ないといった場合に、前者は万一のことを考え、念の為に整備時期毎に開放点検をするが、後者は前者に比べ2倍とか3倍の周期でしか開放点検をせず、その点検費用を別機器の点検に充て、プラント全体での信頼性をより高いレベルにすることに寄与させる、などというのが標準的な考え方である。同じような重要度で、その故障確率もほとんど差のない機器であっても、予備機のないものは予備機のあるものに比べ、万一の不具合の場合の生産に与える影響が大きいため、点検頻度を高くするなども同じ発想である。このような判断もそれぞれのリスク評価が正しくなされていることを前提に行うことができるのである。

5 リスクを管理する

　リスクは一度そのレベルが評価され、対策をとるなどしてその部署で許容できるリスクレベルとされると、往々にしてそのまま維持され、それで安心してしまうことが多い。正しい評価を行い、然るべき対策をとったのであるからそれは間違いではない。但し、現時点で我々が知っている、できる範囲での評価であり、対策であるということを忘れてはいけない。新たな情報や事例が気づかせてくれる視点もあるだろうし、見落としもあるかもしれない。関連する事故情報など新たな情報を得た時には、再度リスク評価を行うことが必要であるし、人も入れ替わってくるある期間を置いて再度リスク評価を行うことは、若手の教育にはもちろん、ベテランにとっても自分たちの持つリスクの再確認のための絶好の機会となる。このことから多くの工場が数年の期間毎にリスクの再評価を行うことをルールにしている。

　一方で管理部門としては工場のリスクが全体としてどうなっているか、相対的にハイリスクの項目がどこに存在しているか、様々な理由からまだ高いレベルで管理されている項目があるのかないのか、残っているとすればその低減計画の進捗がどうなっているか等について把握しておくこと、更には社会情勢からみて工場全体のリスクレベルが適正度を維持できているかなども確認しておくことが重要である。

　自部署や自工場がどんなリスクを抱えているか、それは適切な対応策がとられ、的確に維持管理されているかを把握しておくことは、管理部門から第一線の運転員まで、認識しておくべき重要な事項である。

　そして、それらは新たな情報、新たな技術によっては見直すことが必須であるし、新たな気づきや若手の教育のためにも定期的に再確認が行われることが好ましい。

第6章で述べてきたリスクを見つけ、評価し、対処する手順について、一般にリスクアセスメントとかリスクマネージメントとか言われることが多いので、ここでそれらの位置づけ、流れについて簡潔に整理しておく。

先ず扱う原料、プロセス、生産工程、設備、オペレーション、製造環境、そしてマネージメントに潜在している様々なハザードがどのような過程を経てどのように顕在化し、どのような影響を及ぼすのかを明らかにしなければならない。これがハザードシナリオ (HS) の抽出である（第6章2節参照）。ここで気づき損なったハザードは以下に述べるリスク検討の対象になり得ず、第5章3節で述べた「見えなかった危険源」として、潜在リスクとして存在し続けることになってしまうため、このハザードシナリオの抽出は大変重要である。その見落としをできるだけ少なくするための気づくことの要点について第6章で述べてきたところである。

こうして抽出されたハザードシナリオはその影響度と発生確率からリスクレベルを評価することになる。即ち、許容できるリスクレベルであるかそうでないかを判断することになる。これが真の意味でのリスクアセスメント (RA) である。

リスクが許容できないレベルであれば、何らかの低減策を策定し、そのリスクが許容範囲まで低減できるかどうかを検証し、実行し、維持する。これがリスクマネージメント (RM) である。（第6章4節にRA、RM について事例を含め述べた。）

多くの成書にはリスクマネージメントとしてここまでしか書かれていないことが多い。実際にリスクアセスメントを行い、存在するリスクを許容レベル以下に下げたとされる製造現場では、リスクアセスメントは完了しているといった認識が定着していることが多く見られる。しかし、見えないもの、気づかなかった盲点は必ず存在している。技

125

術情報、他社情報その他新たな情報を受けて、新たなハザードシナリオを想定し、リスクアセスメントを行う、検証するという習慣の定着ができて、初めて真の意味でのリスクマネージメントができていると意識すべきである（第6章5節参照）[2, 6]。

第 7 章

事故が起きない
現場にするには

　ここまでどんな事故がどうして起きるのか、それを防ぐためにはどんな知恵が必要か、そしてその知恵はどうやって身に着けるか、そして見つけた存在するリスクをどう評価し、どう管理していくのかについて説明してきた。その基本は『事故に繋がる何かに気づけば、そして手を打てば事故は防げるのであって、正に事故を防ぐ最強の方法は、事故に繋がる過程を熟知すること』ということである。

　本章では、そのように事故に繋がる何かに気づくことのできる現場、事故に繋がる過程について造詣の深い現場、即ち事故が起きない現場をどう構築していくかについて、全員が持つべき心構えと、そのための安全活動について述べていくこととする。

1　自分の現場をきれいにしよう（5Ｓ活動）

　書類やら工具やらその他いろいろなものが乱雑に置かれている計器室や休憩室、そして雑然とした事務所、生産している肥料の粉塵が掃けるほど溜まっている床。こんな現場で果たして良い品質の製品が安定生産できるのだろうか？　ここで働く人たちは仕事が楽しいだろうか？　仕事に愛着を持っているだろうか？　前向きに自分で仕事をしようと思えるだろうか？　安全意識は持てるだろうか？　単に指示された作業をこなしているだけではないだろうか？　これらはある事故を起こした製造現場の計器室をお訪ねした時、直感的に感じた印象である。

　製造現場というのは複数の人間が、連携をとりながら複雑な作業を分担して、安全に、安定した生産を行うことが基本的な使命である。そこで作業指示や運転要領にも関わる書類の整理が悪い

状態で果たして良い仕事ができるだろうか、現場に出向く際に先ず必要な工具を探さなければならないような状態で、的確な作業が素早くできるであろうか。定められた場所に掲示されている指示書は誰でもいつでも再確認できることや、必要な工具が定められた場所に必ず置かれており、それを持って現場に駆け付けることが何の支障もなくできることが安全安定生産のための現場のあるべき姿の基本のはずである。計器室だけではない。使ったホースがそのまま放置されていたり、昨日の作業で使った工具や踏み台がそのまま置かれていたりする現場は、見掛けは順調に動いていても、管理が行き届いた運転をしているという雰囲気ではない。

　使った道具は然るべき場所に片付けられていて、使った工具は計器室の出口付近の所定の場所に戻されていなければ、数がいくつあっても足りなくなるのは当たり前である。

　このように、現場ではいろいろなものがきちんと整理され管理されていることが必要である。これを総称して「現場をきれいにしよう」と、本節の主題にしたのであるが、通常これは3S活動とか5S活動と称されている。

　5Sとは整理、整頓、清掃、清潔、躾の頭文字をとったものである。整理とはあるものを必要なものと不要なものに区分し、不要なものを捨てること。整頓とは残された必要なものをいつでも誰でもが取り出せるように場所を決めて整えて置いておくこと。清掃とは、大勢の者が使うために乱れがちになるそれらのものや現場をきれいにしておくこと。清潔とは次に使う時に気持ちよく仕事ができるようにそれらを清潔に保つこと。躾とはこういった活動が自然にできる習慣を身に着けることである。

　いずれにせよ、5Sが行き届いた計器室は様々な台帳や参考資

料は整然とファイルロッカーに整頓されている。従って、机上にあるのは今参照している資料と PC 端末くらいしかない。5 S 活動が進化する前には机周辺でも見かけた手袋や安全帯は入り口近くの所定場所に置かれている。それも放り投げて置かれているのではなく、各人の棚に整理して置かれており、現場に向かう折に探すこともなくなった。その横には工具が定置定量で整然と掛けられている。今日の運転指示や工事情報は定められた場所に提示されており、いつでも確認できるし、刻々の進捗状況も追記されている。最近ではこれらリアルタイムの情報が DCS とも連動する電子ボードの活用により、打ち合わせにも、周知にも、そして運転記録や作業記録にも活用される計器室も見掛けるようになった。

　控室（休憩室）の机も読みかけの新聞や雑誌が無造作に置かれていた頃とは大違いで、普段は何も置かれていない。昼食も気持ちよく摂れるし、いつでもゆっくり一息つくことができる。こうなっては使った誰もが後始末をきちんとしないわけにはいかなくなり、この状態は自然と維持できるようになる。

　現場でもこの5 S 活動による様々な変化がみられる。長年の汚れで見難かったオイルゲージや現場計器も見易くなったし、ポンプの軸封部周辺も僅かな漏れも見えるくらい管理されているようになった。そして、これまで現場の片隅に放置されていた工事残材等の不要物がその姿を消していく。このレベルになると、現場オペレーターの意識が変わってくるため様々な良い提案、改善策が実行され始める。一部では安全通路の明示が始まったり、各種表示が整備され始めたり、塗装劣化の激しい個所は自主的な塗装なども見られるようになる。

　このような5 S 活動によって現場が整ってくると様々な良い点

**まだ研究の余地が多分にあるが、安全通路の価値に気づき、自分たち
の考えでその明示が始まった。**

が出てくる。計器室では作業指示、工事指示に当たって資料や必
要なフローシートや図面などがスムーズに出てくる。そして、こ
れらを使って作業内容の確認や安全確認が確実に実施できるよう
になる。現場に出るのも必要な道具を探し回ったりせず直ちに現
地に向かうことができる。結果的に作業のミスは減り、作業の確

実さ、精度、そして安全性は上がり、処理時間も多くの場合短縮できる。現場もきれいになり、目が行き届き易くなるため、僅かな油漏れなど昔は見落としていたかもしれない異常に気づくレベルが高まってくる。このように安全安定操業のために、5S活動は必須と言えるのである。一般のオフィスや家庭の部屋でも、乱雑に乱れているのと整然と片付けられているのとでは、仕事のし易さ、家事の速さや的確さには大きな差があるのは誰でも経験があることで、結局現場もこれと同じなのである。要するに快適で働き易く安全な現場を作ろうとする活動が5S活動であって、5S活動は現場の安全活動の基本中の基本なのである。

　なお、本節の主題を「現場をきれいにしよう」と銘打ったが、5S活動を進めていくと必然的に現場は整えられてくるのが普通であることを指しているのであって、決してピカピカにとか新品のようにという意味ではないことを念のためお断りしておく。多少古くても塵の落ちていない現場、管理が行き届いていることが感じられる現場であり、機能的であり整頓が行き届いている計器室、そして外来者にも安心感を与えるような現場を構築することが5S活動なのである。

　製造現場の5Sを進めるポイントをいくつか紹介しておく。

(1) 全員参加‥5Sに限らず現場の安全活動は全員参加が基本であるが、その中でも特に5S活動は全員で力を合わせて行うことが必須である。それは初期清掃、即ち過去の汚れを落とすといった汚れ仕事が誰にとっても嬉しい仕事ではなく、できれば誰かにやって欲しい仕事だからであるが、全ては先ずこれがなければ始まらないのも事実であり、全員で意気を合わせて取り組んで欲しい。できればこの時こそリーダーとか

管理職が先頭に立って引っ張ってくれることが好ましい。当初、部下には多少やらされ感、抵抗感があるかも知れないが、ある程度きれいになると全員が「やって良かった」と思うことができるはずである。そして５Ｓ活動の意味が少しずつ浸透してくることになる。その後に続く様々な改善活動も、全員で同じ意識を持って進めることで、職場環境の向上とともに、チームの連携や一体感が深まっていくのである。

(2) TTP‥多少品がないが、これは「徹^T底^T的にパ^Pクる」の略称である。５Ｓ活動を始めると各現場で素晴らしい改善のアイデアが出始める。楽しく働き易い現場、安全な現場という共通の目的に向かうための改善例は良いと思えばどんどん真似をして共用し、更に良いものにしていけば良い。要するに他部署の良い所を徹底的に盗んでくる、パクってくることを意図した合言葉である。

　　ただ、パクるためには他部署を見に行くことになるが、これがとても重要であって、自部署だけに閉じこもっていては文字通り井の中の蛙になってしまう。他部署や他社事例を学ぶことが５Ｓ活動の幅、視点を広げる大きな刺激になるはずである。

(3) 改革のためには馬鹿者　若者　よそ者が必要‥５Ｓに限らないが、これまでやっていなかったことに取り組む時にこういうキャラクターの人材が重要ということの例えである。馬鹿者とは、５Ｓ活動信者と置き換えても良い。「今日はここをきれいにしましょう」「今日はこのエリアを総点検しましょう」「ここの改善策について話し合いましょう」と次から次へと活動を引っ張る人であって、周りの多くが「少し休もう」

とか「一服しようや」と考えても遮二無二活動を引っ張って
くれる人のことである。少し煩いけれどこういう人材がいな
いと活動は停滞しがちであり、貴重な人材である。次に若者。
体力はある。勢いもある。若々しい考え方、過去にとらわれ
ない柔軟な考えも持っている。少し馬鹿者に踊らされる面が
あるかもしれないが、それこそエンジンとなって活動を前に
進める役回りである。そしてよそ者。よそ者の役割は部外者
目線である。ともするとこういった改革活動は自部署の都合
や過去からの慣習、価値観の中に収まりがちになる。その時
「この部署では常識かもしれないけれど、外から見たらそれ
は非常識だよ」「世の中は違うよ」「もっと別の見方を考えて
みるべきだよ」そんな、本心は暖かくとも、冷ややかな検証
をしてくれる目線が貴重なのである。この助言が活動の方向
性や、改善項目の偏りを正すことになる。これら三つのキャ
ラクターが十分に力を発揮すれば５Ｓ活動はより堅実な歩み
を続けることができるであろう。

（4）定置　定量‥整頓の手法である。折角整理して必要なものを
　　　残したのに、この整頓の仕方が中途半端でなかなか使い勝手
　　　が良くならない例を多く見掛ける。何をどこに置くかを決め
　　　て明示すること、これが定置である。
　　　この消耗品はここ、この予備品はここにと、その置き場所ま
　　　では決められていることが多いが、これに定量を組み合わせ
　　　ることによって整頓がぐっと進む。例えば１ロット 20 本、
　　　標準納期が 10 日程度のガス検知管があり、現場では通常週
　　　に 10 数本消費するとすれば、計器室の棚の残数が 40 本に
　　　なった時点で次を発注すれば欠品になることは考え難いし、

135

棚の在庫は最大でも 50 本、余裕を見ても 60 本である。こうしてこの検知管の定置場所のスペース（定量）は検知管 60 本分とできるし、残数が 40 本になった時点を発注点とすれば欠品の可能性もなくすことができる。これも 5 S 活動が生

一応類別には分けられていた各種材料が類別、サイズ別に分かり易く整理され、誰でも一目で取り出せるようになった。

んだ在庫適正化、発注点適正化の成果である。

　なお、付け加えておくと、定置とする場所は作業者の動線を考えて決めることが鉄則である。ある計器室で工具は出入り口にあったが、懐中電灯は計器室の奥、ヘルメットは DCS テーブルの横と、それぞれが点在していて、計器室の中をあちこち動き回ってから現場に出るという不具合が見られた。この動線をみんなで考えてもらい、ヘルメットの場所を出入り口の近くに移し、その横に懐中電灯、無線ページングが置かれ、最後に工具棚を通って外に出る動線ができ上がった。更に、出口に鏡が置かれ、服装を確認して現場に出るという一工夫も付加された素晴らしい改善になった。

2 気づきを助ける掲示・表示 （景色にしてはならない）

　「安全第一」「高所作業注意」「達成するぞ！　ゼロ災害！」。多くの計器室で、こういった掲示物はまるで何かのおまじないのように所狭しと貼ってある。でも何人がそれを見て改めて「そうだ、ゼロ災で行こう。」「高所作業だ。注意しよう。」なんて考えているだろうか。役に立っているのだろうか？　たまには朝礼の指差呼称で指差しの対象になることはあっても、大多数の掲示物は貼られた当初はともかく、単なる壁紙にしかなっていないと筆者は考える。そして、こういった正論すぎる掲示物は剥ぎ取るのに結構勇気が要るために、結局、年オーダーでそこに居座ることになり、やがて黄ばみ、角が破れ、汚れた壁の一部となり、５Ｓの視点から見れば、整理の対象になってしまう。掲示は本来気づきの助け、起点となって欲しいがために、あるいは何かを知っていて欲しい、忘れないで欲しいがために貼ってあるのである。だから掲示すること自体は悪いことではないが、なんのために貼っているのかを考えれば、どこに、どのくらいの期間貼っておくべきなのかは自ずと分かるはずである。一言でいえば、掲示物を景色にしてはいけないのである。工場を上げて新しい取り組みが始まった。それをみんなの意識に植え付けようというのなら、その運動の開始時点でこの掲示は十分に意味がある。全員が共有しなければならない重大ヒヤリハットが発生した。それを繰り返すまい、それが基点となる事故は絶対に起こすまいとするなら、そのポイントを掲示によって徹底することは大いに意味がある。人間は忘れ易いし飽き易い。掲示が目に入って、「ああそうだった、そう

なんだ」と感じるうちは掲示の意味があるのだが、そのうち何も感じなくなる。そうなった段階では掲示は何の意味も持たない単なる景色に、壁になってしまうのである。継続的に周知、伝達が必要なら、掲示類もまた目を引き易い、目新しいものに変えていかなければならない。そうした気配りによって、新たな掲示はそれを見て何かを思い出す、何かに気づく起点になるという掲示本来の目的を維持できるのである。

　現場でも同じこと。事故の起きた個所や、ヒヤリハットが続いた場所に、「事故発生個所注意！」「挟まれ事故発生個所！」といった掲示や表示を見掛けることがある。筆者のようによそ者として現場に入った者には新鮮な表示であるが、毎日毎日そこで作業をしている人は、果たして目に入っているだろうか、意味のある表示になっているだろうか。そして、この表示が汚れていたり、消えかけていたりしたなら、それは表示として役に立っていないのではないだろうか。目的であった気づきが既に全員の共有意識になっているのであれば良いが、逆に忘れ去られているのではないだろうか。できれば過去事例の確認勉強会など再度全員が共有できる機会を設け、現場でも「ああ、ここであの事故があったんだ。注意しなくては。」と気づく素地を作り、その場所に連想を呼び起こす的確な掲示や注意喚起の表示を行うなど、先人の失敗を風化させない工夫をして欲しいと思うのである。

　その他現場には注意喚起や案内などの各種の掲示や表示がある。機器の名称や機番の表示、配管の流体表示・行先表示は作業の間違いを防止したり、確認を助けたりと、確実な作業、安全な行動のために是非整えられるべきと思うが、工場によってその徹底度合には大きな差がある。統一された規格で機側はもちろん配

管ラック上まで、配管に見事に流体・行き先が明示されている工場もあれば、切り替えバルブ近傍の配管にマジックインキやペンキで、決して上手とは言えない字で行き先が書かれていたりいなかったり、あるいは全く表示がなかったりする工場も少なくない。どちらが素早く確実な操作ができるであろうか。トラブル時など緊急時の対処が容易であろうか？　操作ミスは起きないだろうか？　「ポンプ○○からタンク□□に送液…」という指示が計器室からあった時、何を頼りに操作をするのだろうか？　記憶に頼っていて大丈夫だろうか？　こんなことを考えると、きちんと整理された機番表示、配管の流体・行先表示は現場に必須の掲示と筆者は考えるのである。

　このほかにも工場によりその度合いに違いはあるが、現場には各種の注意喚起表示がある。狭隘な場所での「頭上注意」動機器機側の「挟まれ注意」や「自動起動機器」、作業がやや複雑な個所での「指差確認よし！」更に「立入禁止」「高温注意」など様々な

配管の行先表示例

ものが作業者や立ち入った者への注意喚起のために設置されているが、これらのものもピカピカである必要はないにしても、錆びや汚れで読み難くなっているものを見るとその現場の安全管理に向ける意識のレベルが少し気になってくる。

　更に現場で働く人にとっては余りに身近であるため気にもならないかもしれないが、一時的に立ち入った者にとって安全シャワー、洗眼器、通話機、計器室、避難通路などが分かり易く表示されている工場に入ると、工事関係者や我々臨時入構者のことまで気を配っていてくれているという印象を持つのは事実である。これらの情報が現場に掲示され、プラント入口にこれら安全施設の配置とともにそのプラントの配置図や安全通路が表示されているのを見ると、安全意識がかなり高いレベルにある現場と安心することができる。丁度、初めて入った都市の地下街であっても、我々は地下鉄○○線、JR、私鉄、主要なビル、出口、エレベーター、トイレなどにそれらのサインを確認しながら進むことができるのと同じであって、万一の時にも、そして普段でも、誰でもが分かり易く動くことができる。そんな案内表示も重要な標識であることを認識して、整備に努めて欲しい。

現場の者には分かり切った場所だったが、臨時入構者にも分かり易い
安全通路と場内レイアウトを表示。

3 耳を澄まし目を凝らし空気を感じる（いつもと違う何かに気づく）

　ベテラン現場マンの鋭い感覚。「何か匂う」その一言で見つけられた僅かな漏れ。運転を止め、徹底的な点検で見つかるのは、配管溶接線に開いた小さなピンホールであったり、フランジからの微小漏れであったりと、普通なら見過ごしていても気がつかないほどのものであることが多い。それも雨の日であったり、配管ラックの上部であったりと『よくこんなの見つけられるよなぁ』と感心することが度々である。そして調べてみると、開孔個所周辺の肉厚が紙のようになっていたり、漏れ箇所は進展しつつある亀裂の一部であったりしたものもあるなど、結果的に大きな漏洩や事故に繋がる可能性があったものを、その初期段階で未然に防いだ例も少なくない。この鋭い感性はどこから来るのだろう。どこにあるのだろう。何度もこういった発見をして表彰も受けてい

この小さな水滴跡から上部ラック上配管の漏れを見つけた。
（運転員の鋭い感性の賜物）

るベテラン運転員に聞いても、特別な方法があるわけではなさそうである。ただ多くのベテランが同じように口にするのは「自分たちの現場から絶対に事故は起こさない。現場を歩く時は常にそういう気持ちでいる。」という意識、事故防止に関わる強い信念である。常に真剣に現場を診て、聴いている熱意がそこにあることを感じる。

　作業で点検で現場に出た時に、指示されたことをきちんと行うこと、定められた点検項目を確実に実施することはもちろん大切であるし、それが第一なのであるが、現場は稼働中である。これまで述べてきたように、そこには様々なリスクも存在している。何かのはずみに漏れるかもしれない個所、不調になるかもしれない個所も、それこそ無数に存在している。そして、その現場に一番詳しいのは、現場で働くオペレーターである。それならば事故を起こさないこと、トラブルを初期の段階で防ぐことを考えると、現場で働くオペレーターこそ、そういった現場の微妙な変調、いつもとは違う何かに気づくための最強のセンサーなのである。繰り返しになるがほとんどの事故はいつもとは違う小さな何かが起点となって、それがやはりいつもはそうではなかった何かと繋がり進展している。だからこそ、そういったいつもとは違う小さな変化に対して気づきを働かせて欲しいのである。雨上がりの湯気のようにも見える陽炎だが内部ガスの漏洩ではないのか、ベアリングの音がいつもより少し高いのではないか、配管間隔がいつもより狭い？　何か温度が変化した熱膨張なのか、いつもとは違う匂いが微かにあるのではないか等々、こんなことも感じ取れるような鋭い感覚を持って現場を歩いて欲しいのである。

3. 耳を澄まし目を凝らし空気を感じる（いつもと違う何かに気づく）

4　気づきを伝える　相談する　共有する

　気づきが大事だと述べてきた。前節でも現場で僅かな変化に気づいて欲しいと述べてきた。現実に漏れている、明らかにいつもとは異なるといった気づきは計器室や上司に報告し、対処の指示を受けるだろう。しかし、「漏れているかもしれない」「いつもと少し違うように感じる」「振動が高くなったようだ」こういった気がかりや感じや印象に、どのように対応しているであろうか。

　思い過ごしかもしれない。次に現場に出た時にもう一度確認してみようとか、多分なんでもないこの程度のことを言うのは恥ずかしいからと、取り敢えず抱え込むことが多いのではなかろうか？　でも、もしそれが急速に進む変調だったら、次はない。何かが起きてしまってから、実は気になっていたが…などと言っても遅いのである。現場の貴重なセンサーの一人が感じ取った信号なのだから、多くは思い過ごしかもしれないが、この種の気がかりは同僚に、上司に報告し相談して欲しい。情報として共有して欲しいのである。もう一度一緒に現地に確認に行っても良い。相談された方も、彼奴の印象はいつも取り越し苦労のことが多いからとか、心配性だからとかと放っておかず一緒に考え、確認して欲しい。そして、それが本当に取り越し苦労ならば、それを教えて欲しいのである。それこそ生きた現場教育になる。技術の伝承になるのである。逆に、勇気を出して申し出た一言が、例えそれがつまらないことであったにしても、ばかばかしいと軽んじられたりしたら、二度と相談なんかしたくなくなるのは人情であろう。若くまだ経験の浅い運転員にとって、自分の気づきが重要な気づきと考えるのは、なかなかハードルが高い。こんなことを感じた

けれど、先輩方や直長は当然気がついているだろう。だから取り立てて言う必要はないだろうと考えてしまうのが普通である。でも現場は生きている。今の気づきが事象の第一発見であり、トラブルの発端である可能性は、新人も先輩も関係なく同じようにあり得るのである。実際に入社2、3年生が重要な事象を発見し、運転現場として事故の未然処置ができたため、会社幹部から保安功労賞を受賞したような事例は各社にある。だからこそ、気づき、特に負の情報は遠慮などせずに、早く仲間に伝えて欲しいのである。

　気づきを伝えるようにしようといっても、気づきだけを、気づいた時だけ伝えるなどということは無理である。そこには何でも言える雰囲気、語れる雰囲気、尋ねる雰囲気がなくてはならない。

　運転に関すること、現場で気づいたこと、なぜなのかが今ひとつ分からないプロセスのことはもちろん、個人的なことまで話せる、尋ねる、助言できるそんな雰囲気が職場の仲間内にできていることが大切であり、日頃からそのようなコミュニケーションの維持に努力していくことが必要なのである。

　本節の見出しでわざわざ共有と述べたのは、こうした誰かの気づき、誰かの懸念を一人、あるいは一部の人間で抱えるのではなく、できるだけ多くの仲間で共有して欲しいからである。共有すれば一人の気づきは共有した仲間全員の情報になる。懸念個所を通る時、懸念事項に関連する作業や、事象に関わる時、今度は気を使いながら様子や状況を見る仲間が増えることになる。見る目、聞く耳、感じる肌、即ちセンサーが倍増する。ということは、それが本当に重篤なトラブルの要素になる可能性が高い時には判断も、対処もそれだけ早く正確にとれることになる。もしそうではなく済んだ場合でも、そのような誰かの気づきは多くの仲間の気

づきセンサーに刺激を与え、全員の感度向上に寄与するとともに、その一歩先まで考えられなかった若手に次に教えるべき要目を整理するという、先輩にとって貴重な示唆も与えてくれるはずである。

　なお、言わずもがなであるが、ここで言う伝えるべき気づきは現場状況だけではない。仕事のやり方、職場ルールその他運転現場に関わる全てのことに対する気づきである。

⑤ 柔軟な人間関係を育てる（コミュニケーションの充実）

　前節でコミュニケーションの維持が大切と述べたが、コミュニケーション確立の第一歩は挨拶である。「おはよう」「お疲れ様」現場から計器室に戻った仲間には「ご苦労様」、こういったやり取りがお互いに何かを語り始めるきっかけになる。製造現場の仕事がチームワークである以上、お互いに無関心では良い仕事なんかできるはずもない。お互いに思いやりや理解がなければ、思いを共有し助け合う気持ちがなければ、気づきを伝えても、そこから何も出てこない。こんな現場で安全確保が十分にできるとはとても思えない。是非何でも話せるコミュニケーションの維持を意識して欲しい。

　先輩にこんなことを言うのは失礼ではないかとか、こんな些細なことを上司に言うのは憚られるとかは、組織で働く場合必ず考えることである。が、ここで間違えて欲しくないのは礼儀と遠慮は違うということである。先輩や上司に対する態度にはおのずと引かれる一線がある。仲間言葉で話したり、ポケットに手を突っ込んだまま話したりという態度が許されないのは、礼儀としての常識である。但し、先輩に対してでも、上司に対してでも、言うべきことを言わない、間違いを指摘できないのは、遠慮と思っているかもしれないが、これは遠慮ではない。ましてや礼儀ではない。むしろやってはいけないルール違反、礼儀違反、怠慢と考えて欲しい。職場で決めたルールは全員が守らなければ意味がない。

　例え部課長であろうが、極端な話、社長であろうが、ルールを守っていなければ、忘れていれば、そこは指摘するのが礼儀である。

　階段の昇降時手すりを持つルールは、転倒防止、転落防止のためであって、単なるけじめのためのルールではない。転倒や転落は運転員だけが起こすものではなく、課長でも社長でも起こす可能性はある。もし現場視察時に社長が手すりを持っていなければ「社長、手すりをお願いします」と伝えることが正しいコミュニケーションであるし、社長には「あ、そうだったね」と受けて欲しい。人間だれしも他者から指摘されることは愉快ではない。でもそれが素直にできる職場、指摘を「ありがとう」という感謝の気持ちで受け止められるような柔軟な人間関係ができた職場を築いて欲しいと思う。

怖かった客先への初出張

　現場ワークではないが、以下の文は誠意を尽くして正直に話すことで、コミュニケーションの確立に繋がった筆者の経験である。

　筆者は入社以来、長く設計部門で仕事をしてきた。その間数多くの難しい面談も経験してきたが、いずれもこちらが客先であり、ビジネス上の力関係では強い立場であった。その後部署が変わり、事業開発案件を担当することとなり、その客先に1人で出張した時の忘れもしない経験である。相手は文字通り客先であり、新規事業であるだけに、「もう結構です」と言われれば全てがお終いといった立場での新任部署での初出張であった。

　行先は大手電機メーカーの中央研究所、そことはある新規商品の開発を共同で進めており、我々は新規メディアを開発、提供するという立場にあった。私がその事業に関わったのは僅か1カ月前、更にその2カ月前に先方から3種の新規メディア開発を依頼されその約束をしたにも関わらず、期限を過ぎても一つも開発が完了していないことのお詫びと釈明というのが出張の目的であった。事業に参画して間もない、まだ前も後ろも良く分かっていない新参者が出向くというには大変な役目であったし、それ以上に相手に対して失礼であったと今なら思うが、当時はとんでもないプレッシャーに正に押し潰されそうな思いだけが強かった。あるいは、当方の上層部は、参画間もない者だからということで、先方のお怒りを少しでも薄めようとの魂胆があったのかもしれない。まして説明をする相手は、先方研究所でも厳しいことで名を轟かせていた主任研究員であり、当方の諸先輩がこれまで何度もこっぴどく叱られてきた方である。

　先方の研究室の打ち合わせテーブルに着き、相当緊張していたのだと思うが、期限内に開発ができていないことをお詫びし、でも諦めているわけではなく、懸命に取り組んでいることなどを一通り説明して

相手の雷を待った。

　返ってきた反応は意外なものであった。

　「困りましたねぇ。でも我々の要求が高すぎるものだったのかも知れない。少しそんな気もしていたのですが、それではお願いする仕様をこんなものに変えてみましょうか…。それならできますか？」

　「いや、私はまだそこまでお約束できる知識がありません。申し訳ありませんが戻って研究所の者と相談し、至急ご返事をさせて頂きます。」

　「…？。正直ですね。それではそうして下さい。相談されて、できる可能性がある方策について、期限を含めてご返事下さい。」

　汗びっしょりで研究室を辞してきた時の素直な思いは「誠意を尽くして正直に伝えれば分かって頂ける。特に技術論であれば客先も我々と一緒にいい商品を作ろうという共通の目標を持っている。そのためにお互いに協力して知恵を出し合うことに何の躊躇も要らないのではないか。」というものであった。

　以後、この案件に携わった数年間、何度も何度も繰り返される開発、試作、手直し、改良を、同じような姿勢で懸命に通してきたように思う。そしてそれはいつか筆者の業務姿勢の基本にもなってきたように感じている。

　この事業から離れる際、当該電機メーカーの担当者から頂いた筆者の宝物としているお言葉がある。「あなたにはどんな無理と思うことでも、私たちの希望を言うことができた。それはその要求に対し、あなたは決してできないことをできるとは言わなかったし、逆にやりますと言ったことは必ずやってくれた。その見極めを即断して頂けたことで、逆に我々サイドの開発スケジュールを見直すこともできた。開発案件の相方として、本当に信用のできる方だった。」

6 ルールを守る　見直す　変える

　ルールは守らなければいけない。この社会、どんな組織であれ複数の人間が関わり一つのことを成し遂げるためには、そこに何らかの決まりが必要である。決まりがなければ全体が統制を持って行動できず、ことが進まないからである。そして、生産現場にももちろんルールはあるし、そこには何か間違えばとんでもないことも起こり得るハザードが存在している。従って、製造に関わるルールには従わなければならない。社会のため、地域のため、仲間のため、そして自分のために、事故や環境汚染や様々な損失の防止のために、ルール順守は現場に携わる者の最重要事項である。先にも触れたが、ルール無視は自らに対する、所属する組織に対する、仲間に対する、社会に対する背信行為なのである。

　どんな立派なルールも、整然と整っているように見えるルールも、それが守られなければなんの意味もない。そして、ルールはその意味や、意図するところが、全員の納得のいくものでなければ守ることができない。なぜそのルールがあるのか、そのルール通りすれば何が良いのか。ルールを守らないと何が拙いのか。それらが理解され、その目的が明らかになって、初めて我々はルールを守る意識が芽生える。生産現場のルールには、楽をしたい、勝手にやりたい、他人よりも自分が得をしたいといった個人の我儘を制約する社会規範とは異なり、企業活動を通し社会に貢献するという企業理念の実現に向け、生産活動の安全と安定を確立し維持するという目的がある。だから、現場のルールを守る意識を全員に与える、腹落ちさせる責任はトップ、上司にある。ルールの意味を解説し、従業員に腹落ちさせるのも、それを率先垂範するの

も上司の責任である。そのためには、上司には上から目線で指図するのではなく、同じ目線の高さで、全員と向き合うことが求められる。それぞれの立場や担当業務は異なっても、企業理念の実現と工場の安全安定操業を達成するために、手を取り合って歩く仲間であることを素直に理解できる状況を作らなければならない。

　それがあって初めて全員がルールの意味を理解し、その目指すところが腹落ちできて、ルールを守ろうとする気概が沸き上がるのである。

　一方で数多くあるルールには、本当に守れるのかと首を傾げたくなる例や、長年守らないことに誰も疑問を感じなくなっている例もある。こんなルールは変えなければいけない。こんなルールを放置してきたのも責任者の責任であるが、同時に守れないルールを守ってきたように装ってきた、あるいは無理や無駄を承知でそれを黙認してきた現場作業者の責任でもある。守ることができないルールの存在を黙認することは、守らなければならないルールの位置づけも下げてしまう。そしてそこにルール軽視の文化が生まれる素地ができる。だからこういう守られないルールは一刻も早く現場から無くさなければならない。変えなければいけない。

　長年守られていないルール、守ることができないルール、どう考えても過剰なあるいは複雑すぎるといったおかしなルール、そういった気づきは本章 4 節末尾でも述べたように、先ず発信しなければばらない。本当におかしなルールならば恐らくみんなが感じているはずである。あるいはルールがあったことすら忘れている先輩もいるかもしれない。そして、みんなでそれについて考え、ルールを変えたり廃止したり、統合したりとあるべき姿に正すこ

とをしなければならない。みんなでその改善策を納得したならば、所定のそれこそ変更管理のルールに則り（コラム3「変更管理」参照）変更を関係者に周知し、共有することになる。こうして正されたルールであれば、関係者がみんなで考え、納得したのだから、今度は全員にそのルールを順守する責任だけではなく意志が生まれる。こうして守り難い、守られていないルールは職場から排除されていくのである。

　繰り返しになるが、ルールは守らなければいけない。しかし、ルールは我々人間が作ったものである。検討が不十分だったり、思わぬ齟齬があったりと、欠点がないとは言えないのである。だから、ルールに守り難さや、矛盾、疑問点に気づいたならそれを発信し、みんなで共有して検討する。そして、納得できる検討結果ができたならば、一部の関係者の勝手な思いで変えるのではなく、変更管理の手続きを経て正式に変えていかなければならない。そして、今度はその見直し結果を全員が共有し、守らなければいけない。つまり、ルールは守らなければならないが、盲目的に守るのではなく、正すべきは正す、変えるべきは変えるという過程を経て、全員が納得づくで、責任を持って守ることのできる形に変えていかなければならないのである。

7 自分たちで考える現場

　ルールは守らなければいけない。指示には従わなければいけない。それならば、ルールや指示に盲目的に従えば良いのかというと決してそうではない。プラントはどんな状態になっているのか、今日の運転指示は何を意味しているのか、今自分が行っている作業はそれにどんな影響があるのか、といったことを考え理解していなければならない。盲目的に言われたことだけをするのならば、自動化された機械やロボットと何ら変わりがない。むしろ操作ミスがない分だけその方が良いかもしれない。人が関わる以上、そこには人にしかできない重要なことがあるのだ。現場は生きている。生きている以上様々な変動があり得る。それは目に見える場合も、見えない場合もある。そういった変動に一番気づき易い立場にいるのが現場作業者である。運転状態の指示値が意図したものから若干のずれがあった時、ずれはないが何か変化の度合いがいつもとは違うように感じられた時、目に見える変化はないものの何か変調を感じる時、もちろん程度にもよるが、直ちに上長に報告し指示を仰ぐのではなく、考えて欲しい。今日の運転の流れを、今の装置の状態を、今行った操作の意味を。この状態が何を意味しているのか、何が違和感の原因なのか、それは様子見で良いのか、何らかの修正を図るべきなのかを。それらを考え、自らの結論なり方向性を持って上長に報告し相談するのが正しい姿勢である。もちろん、上長はそれらの情報を基に、あるいは他の者の意見も取り入れ判断するであろう。現に漏れ出したとか、明らかな変調を来した場合などは直ちに報告し、全員でその対処に回ることが必要であるが、一人ひとりが現場で任された範囲の事象

については、これまでに学び、経験し、身に着けた知識を総動員して考えることが必要であるし、そういった経験がまた一人ひとりを、そして現場を強くしていく重要なステップなのである。

　前節で述べたルールを守りそして見直すことも、現場での様々な気づきについても、一人ひとりが考えること、その考えを発信すること、そして共有して全員の納得した総意で進めることもこれと同じである。

　時に見掛ける悪い事例を一つ挙げておく。

　ある課の係長は誰もが認める優秀な運転員であった。直の運転責任者を務めた後、係長に抜擢されたが、それからも多くの時間を現場計器室で直接運転指示をする形で過ごしていた。そのこと

自体は悪いことではない。しかし、運転が変動したり、変調を来しそうになったりした時、彼は自らがボードマンとしてパネルの前に座って運転操作をするとともに、その直の運転責任者を超越し運転指示をすることが少なからずあった。運転のベテランであるからプラントはトラブルを起こすことなく順調に稼働を続けることができたが、これは自らが育った現場で昇格した者が陥り易い、やってはいけない事例である。なぜなら、これでは後に進む者は常に運転のベテランである彼に頼り、彼の指示を待ち、それに従って動くことしか学ぶことができない。将来、直の責任者になったり、彼と同じように係長や課長に就いたりする者もいるはずである。彼らが自ら考え、仲間と共同し、判断を下していくという過程を学び、体感していく機会を、上司である彼が奪っている以外の何物でもない。上に立つ者は、それをやったら全系緊急停止しかないとか、大きなトラブルに繋がるとかいった事態に至らない限り、我慢をして見ているべきなのである。様々な面での多少のロスはあるかもしれない。それでも彼らがそれを乗り越えた後から、運転の先輩としてより良い手法や考え方を、経験を交え諭すことが真の意味での技術伝承になるのである。

　上に立つ者がその業務を部下より正しく、早くできるのは当たり前である。でも、だからといって常に上長がそれをやっていたら下は育たない。上長自身にも成長はない。上に立つ者は部下のやることを暖かく見守ること、我慢することも重要なのである。

「先日ご説明した対策をとってみましたが、結果は思わしくありませんでした。済みません。」

「やっぱりダメだったの？」

「もう少し、根本的なところ、例えば基礎にまで手を入れなければならないかも知れません。」

「そうか…。そんな気はしたんだけど、君が自信を持って言うから、任せてみようと思ったんだけど。ダメだったか。」

数日前から対策を迫られている回転機の振動問題で、その構造とこれまでの経験から、これで解決できるはずと踏んで課長を説得し、対処した結果の報告がこれである。

冴えない、というより悔しかった。特に「君が言うから任せてみたんだけど…。」が一番悔しかった。多分、課長にはより良いと考える別の対策案もあったのだろう。だから「やっぱり…」の一言もあったわけだが、普段から言葉の端々で期待されている、一目置かれていることを知らされている部下だからこその「君が言うから」であり、その育成も考えて、やらせてみてくれたという思いも強く理解できた。それに応え切れなかった自分、そして次の手立て、「二の矢」を考えていなかった自分が情けなかった。

期待していることを本人に知らしめること、そして背伸びしたレベルまで任せてみること、これは部下の育成のためには大変有効な手段であることは、その後多くの部下を持つ経験の中で確信してきたことであるが、この時の自分は正にその育成されている最中の部下であった。もちろん当時、そんなことは理解できる訳も無く、ただ悔しさで二の矢、三の矢を必死で考えた記憶がある。そして、何とかそのトラブルを解決した時、その課長が何を語ってくれたか、自分を褒めてくれたか、叱ってくれたかの記憶は残っていない。

結局、部下が解決し切れなければ自分が出て行く思い、そしてその解決策のイメージも課長は初めから持っていたのだと思う。トラブルを早く解決することはもちろんなのだが、この時の課長の頭の中には、それよりもこのトラブル解決を通して部下の育成を図ることの方が、今行うべきことの中で重要度が高かったのではないかと、後日思うのである。

8 直長 課長（ライン長）の役割

　製造現場の課長の責任は重い。製造に伴う安全も、生産量確保も、品質管理も直接的な管理責任は全て課長にある。更に合理化や能力増強の技術検討、そして組織の長として、管理職としての労務管理、課員の育成責任も課長に帰属する。だからこれまで述べてきたような製造現場の具体的諸事は基本的に運転現場の作業者に任せざるを得ないし、それが基本である。製造課長は運転者ではないのである。しかし、その任せる組織をこれまで述べてきたような感性を持ち、コミュニケーションを保ち、適格な運転業務を遂行できる体制であるように育成し、これを牽引すること、まとめることもまた課長の直接的な責任なのである。そのためには現場を、そして現場作業を知らなければならない。現場を知らずして、あるいは作業の実態を分からずして、どうして安全施策の是非が判断できよう。作業量の負荷が判断できよう。現場に出なければこういった情報は入ってこないし、何よりも自分の目で見ることが、正しい判断をするために絶対に必要なのである。ただでさえ上述のように多忙な課長職にとって、これは大変な業務量である。でも、これを乗り越えないとその責任も全うできない。だからこそ、経営からの期待も大きいし、プレッシャーも高い。文字通り、工場は課長が支えているといっても決して過言ではない。逆説的に言えば、現場の良し悪しは課長次第ともいえるのである。

　いろいろな事故報告書を見ていると、労災事故が起きて初めて課長を含む管理部門が作業の実態を知ったケースや、管理部門が意図していたものとはかけ離れた形態で作業が行われていたケー

スに出会うことがある。そして、それらの事故では多くの場合、対策もまた直接的な当該事故の再発防止に留まり、本質的な対策とは程遠いものであることが少なくない。また同じような事故が起きるのではないかと懸念も持つし、残念ながらそれが現実となったケースも数多く見られる。

このような現場に共通して持つ印象は、課長が現場を知らない、現場を知ろうとしていないということである。上述した数多くの課長の責務の中の表面的な項目、生産量とか品質とかいったことにその勢力の過半がつぎ込まれていて、それを根本で支える現場の真の力、現場力を育てるという、より重要な責務に気がついていないという印象を持たざるを得ないことが多いのである。

交代勤務の現場責任者、いわゆる直長の役務は当然ながら課長とは異なる。プラントの直接的な運転責任者であり、その製造現場の管理者である。生産量や製造品質、設備の日常的な維持管理、そして製造現場としての様々な機能や秩序の維持など、運転の安定した継続を主務としながら、現場を統括している。その基本となるのは言うまでもなく安全の確保である。安全の確保のためには事実上の運転の停止権限もあると考えて良い。もちろん直長はその現場の運転についてのベテランである。基本的にはその現場で何が起こっても対処できるだけの経験と知見を併せ持った者がその職務に就いているのが普通である。従って、直長には運転状態を正確に把握し、対処し、上長である課長に報告するとともに、何らかの問題があった場合には運転方案やその改善策について提言をする責任もある。いわばそのプラントの運転についてのプロが直長なのである。

事故事例で見られる残念な直長の事例は、ベテランでありなが

ら、そのプラントの運転のプロであるべき立場なのに、職制から
与えられた指示や、日々の習慣にとらわれ、状況の把握が不十分
なまま、あるいはいつもと同じ手順のまま作業を指示し、あるい
は自ら作業を行い、トラブルや災害を起こしているケースである。

　一言でいうならば、これもまた考えていない、漫然と作業をこ
なしてしまった結果である。常に状況を把握し、理解し、考え、
対処するという現場作業者の守るべき基本的姿勢を、直長が先頭
に立って貫いて欲しいのである。

　さて、課長も直長も運転現場の管理者である。それぞれが責任
ある立場で、責任を持って判断し、実行しなければならない立場
であり、班員はその指示に従わなければならない。ある意味様々
なハザードを抱えた現場は一種の軍隊であり、指揮命令系統は明
確に維持されなければならない。つまり課長も直長もそれぞれの
立場で指揮官に他ならないのである。そして、これまで述べてき
たように、現場では何でも言える雰囲気、相談できる雰囲気、つ
まり密なコミュニケーションもまた重要である。課長も直長も同
じ現場で働く仲間同士という意識を大切にして欲しいし、班員も
礼儀は必要であるにせよ、上長はなんでも相談できる、話せる、
頼れる兄貴といった感覚を持っていたいものである。

新任部長に一発かました直長

　その時はムカッとしたけど、後になって大いに感謝した筆者の経験である。

　大きな品質問題を抱えた製造部に、その品質問題の解決を図るとの使命を受け、自分の経歴では初めてとなる製造部長として赴任した際の歓迎会での話である。それまで工場の管理部門に居たこともあり、以前から良く知っていたベテランの直長に挨拶した。

　「改めてよろしくお願いします。難しい課題がいろいろあることは知っていますが、現場については分からないことも多いと思いますので教えて下さい。」

　「こちらこそよろしくお願いします。品質問題はいろいろ複雑でして…。現場の仲間も随分気を遣い苦労しているんですがなかなか…。現場に頻繁に来て下さい。そしていろいろご指導下さい。」

　「もちろん製造というのは現場があってのものです。現場にはできるだけ出るようにします。一緒に頑張りましょう。」

　「でも部長。我々にとっていい部長、頼れる部長になって下さいよ。でないと、私ら部長の首切るのは簡単なんですから。私らが現場でちょっと加減すればオフ品なんかすぐ作れるんですよ。オフ品しか出なかったら、部長の首なんて飛んじゃうんでしょ？」

　「脅さないで下さいよ。一緒に品質が安定した製造現場にしましょうよ。よろしくお願いしますよ。」

　「もちろん頑張りますよ。でもそのためにもいい部長になって下さいよ。3カ月経って、部長が現場に来られた時に、若い者がコーヒーを入れてくれたら、部長は現場に受け入れられたということです。それ覚えておいて下さい。」

　正直腹が立ったのは事実である。少なくとも上司である。その者に向かって、「首」などという激しい言葉を使われたのもどうかと思った

が、他部門から来た新参者に対する対抗心、不信感などが織り交ざった複雑な心理が現場にあることも感じたのである。こちらにも意地がある。それから時間を作っては足繁く現場に出向いた。現場の雰囲気、作業の実態も見たし、それなりに意見や改善点も指摘してきたつもりであった。

　着任後2カ月ほど経った時であろうか、計器室に立ち寄って雑談を始めた時、若い運転員が頼みもしないのに、コーヒーを淹れてくれた。ごくありふれたインスタントコーヒーであったが、

　「ああ、少なくとも拒否はされていないな。受け入れられ始めたな…。」と感じることができた。

　以後、この現場の部長を3年弱務めたが、その間くだんのベテラン直長を始めとして、現場の運転員諸氏と丁々発止、様々な問題について語り合い、議論もし、設備の中に潜り込み、試行錯誤を繰り返し、現場の改善、品質の向上、安全施策の確保に努めてきた。品質問題こそ完全な解決は次の部長時代まで尾を引いたが、現場の活性化には数段の進歩があったことを、各方面から評価して頂くこともできた。

　この出来事を通して、それが本務でもあるために、とかく上から目線で現場を見、指示をすることで最低限は可とされがちな部長職、管理職という職責にとって、現場に入り込み、現場から信頼感を持って受け入れられることがいかに大切か、そしてその信頼関係こそが現場の活性化の源となり、安定運転、安全操業に繋がるということを身を持って体得することができた。もう20年以上昔になった貴重な経験である。

9　経営トップとは現場で語ろう

　今から 20〜30 年前、製造現場を訪問した社長のほとんどは、計器室で現場社員を集め、「安全第一で頑張ってくれ」と言って引き上げ、工場会議室で幹部社員に経営状況や訓話を語り、工場長と会食をして工場訪問を終えるのが常であったように思う。それが社長の権威であるといえばそれまでだが、社長が来られるからと道路脇を除草し、計器室をピカピカに掃除していたというのも笑い話ではない事実であったと聞いている。

　さすがに今日、こんなスタイルの社長の現場訪問はほとんどないと思うが、それでも計器室に入る社長のどのくらいが、安全確保は企業活動の原点であるという公式の場での発言を、単なる理念ではなく自分の信念として持たれているかどうかは多少気に掛かる。幹部の現場に対する思い入れ、それを現場で示す自らの行動が、現場の安全確保そのものに直結しているということの認識度合いに、個々のケースで相当な温度差を感じるのは事実だからである。

　もちろん責任の大きさや質は異なるが、社長も現場運転員も会社の理念の実現に向けて、それぞれの立場で懸命にその職務を全うしようとしているのは同じである。誰も社長に現場作業をやって欲しいなどとは思っていない。でも社長もまた同じ理念のもとに仕事に邁進している仲間であること、現場の安全について、現場の仕事について、社長もまた真剣に考えていることを知ることは、現場作業者にとって何にも勝る勇気を与えてくれる。現場作業を少しでも理解してもらえること、その上で「一緒に頑張ろうよ」と言ってもらえることは「よし。頑張ろう」と改めて思える絶

好の機会でもある。その意味では社長や経営幹部はどんどん現場に出て欲しい。計器室で車座になって経営を、現場の問題を、安全を語りあって欲しい。そんな懇談の時に礼儀は必要だが、つまらない遠慮や追従はいらない。幹部は会社の方針や目標がどのくらい現場に理解されているかを読み取り、その浸透を自らの言葉で図って欲しい。現場の者はその目標を現場に展開しようとする実態や、見つけられた課題、そして幹部にぜひ知って欲しい事象を正直に伝えるべきである。こういったコミュニケーションが当たり前に取られ始めた時、その工場の安全意識は格段に向上するはずだし、結果的に工場の体質もまた強化されると信じるところである。

　蛇足であるが、このような視点もあり最近いろいろな保安力の評価指標にも、この幹部の工場訪問の回数は織り込まれている。

　もちろん、その成果は回数だけではない。トップの思いと現場の姿勢が上手くかみ合っての内容が大切と思うが、4直で構成される現場の全直員、そして日勤者とも語り合うことを目指し、各工場を年間5回ずつ訪問され、全計器室を回られるという大変

な努力をされているトップもおられる。その姿勢には頭の下がる
思いである。

第 **8** 章

まとめ
（現場力の高い現場）

　事故を起こさず、周囲から信頼を得られている現場を構築するためのあり方、考え方、それを達成するための知恵、そしてその知恵を持つため、生かすための方法などについて述べてきた。

　本章ではそのまとめとして、それらが身に着いてきた現場のあり姿を簡潔に描いてみるが、言うまでもなくこの姿に定型はない。これという正解もない。結果的にトラブルや不具合、事故が起きない現場であり、万一起きてもそれが微小か軽微な段階で抑えられる実力があり、その実態が継続的に維持され向上している現場であると筆者は考える。

1　現場は科学的原理原則で動いている

　現場では人為的なものを除き不思議なことは起きない。全ての現象は科学的原理原則によって説明できる。即ち「なぜ」を突き詰めていけば、その全てが原理原則、科学的法則の通りに進展していることが分かるはずである。高温は低温個所を温め、低温は高温個所を冷やす。圧力は低圧になろうと逃げ口を探す。液体や重量のあるものは下方に向かおうとする。比重の大きな流体は比重の小さい流体の下に潜り込む。材料には強度というものがあり、この限界を超えると破断する。この強度は温度によって変わる。材料は温度により伸び縮みする。これを抑え込むと応力が発生する。物質は温度によって体積を変える。それを封じ込めば圧力が発生する。気体は圧縮性流体であるが、液体は非圧縮性流体である。物質の移動にはエネルギーが必要である。固体の移動は摩擦を伴う。摩擦は発熱にも摩耗にも繋がる。モノの接触や摩擦は静電気を発生する。物質は条件により相変化を起こす。相変化の潜

171

在エネルギー（潜熱）は一般的に大きい。化学変化は物質そのものを変える。化学反応の速度は温度や圧力に依存する。一般的に温度が上がると反応速度は高くなる。装置材料は扱う物質の特性や使用条件によって選定されている。材料は腐食を考慮して選定されている。設備は供用することによって劣化する。応力や熱、振動の繰り返しの負荷は材料を劣化させることがある。

　これらは現場に存在する科学的原理原則のほんの一部に過ぎない。でもこれらのことが知識として、連鎖のように繋がらないと、本当の現場の管理はできない。事故事例の検討でも、不具合の原因を考える場合にも、こういった様々な事象を連想する知恵がないと本当の再発防止策に繋がらないし、すぐ横にある同じ事象の見落としに繋がる。そして、多くの事故が何かのはずみにこういった基本的な原理原則を失念して起きているのも事実なのである。本書で繰り返し述べてきた原理原則で見る、考える習慣を持とうというのはこのことである。何も全てについて高度な知識で武装する必要はない。高度に専門領域に関わる事柄は専門家の知識を活用すれば良い。でも関連するこれらの原理原則について、少なくとも基本的な知識、特に自分たちの現場に当てはまる基本的要素については知見を深めておいて欲しいのである。現場で働く作業者の多くが、常にこういった視点を持っていれば、その現場は運転や作業、工事のリスクアセスメントにおいても、高い気づきのレベルが期待できる。こういった知的レベルの保持と科学的好奇心の発揮ができることが現場力の一つの大きな要素である。

2　みんな懸命に働いている

　前節で現場では人為的なものを除き不思議なことは起きないと述べた。では不思議なことを起こすのは人間かと問われたら、その答えはイエスである。人間は忘れるし、間違えもする。起きてしまった事象を精査した結果、「なぜこの人がこんなことをしたのか」とか「なぜ彼はここで間違ったのか」といった悪意ではない不思議なミスに気づくことがある。このことが答えのイエスである。

　第2章で述べた人間の心理、第4章で述べた労働災害防止の勘所、仮にそういった点を全て理解し、実行に努めていたとしても、何かのはずみに人間は間違えることがある。だから人間のミスを絶対に起こさないようにすることは多分、永久に難しいことなのであろう。「サルも木から落ちる」とは木登りの上手いサルでも時には木から落ちることがあることを引用し、名人でも偶には間違えることがあることを説いたものであるが、現場力の高い現場を目指すのであれば是非「サルは木から落ちる」の精神で、誰でも、例えベテランでも、ひょっとした弾みの思い違い、勘違いは起こす、起こし得ると考えて、必ず起きるヒューマンエラーの対策を講じて欲しいのである。それは例え間違っても大事に至らない、怪我をしないことに主眼を置いた対策である。意図的に手すりを乗り越えれば高所から転落することは可能であるし、意図的に押すべきスイッチと異なるスイッチを操作すれば運転はガタガタになる。ここでは言うのはそういった意図的なものに対する対策ではなく、何らかの勘違いでやってしまいそうなミスを防止し、その影響を最小にする対策を考えて欲しいのである。誰もがミスを

したいとは思っていないのだから…。例えば、緊急停止ボタンを間違って押してしまえば、装置は安全に止まるであろうが、操業には大変な影響を及ぼす。修理中の回転機の電源の誤投入は重大な労災に繋がる。ルールでは動いているものには手を出さないことになっていることは重々知っていても、コンベア上の小さな異物を取りたいとかベルトに付着したちょっとした汚れを拭き取りたいとか、作業アームの稼働範囲だけれど、ちょっと入って何かをしたいといった善意の行動が、時に自らを、あるいは他者を傷つけることになる。これらを防ぐために、重要なスイッチにはカバーが着けられていてカバーを開けるという動作で、今一度その操作の正当性を確認するようになっているし、電源ロックについては整備に伴う安全措置要領に厳密に規定されている。回転機の回転部分には指が入らないようなカバーがされ、可動域への侵入は囲いケージや開閉インターロックなどが施され、何かのはずみのミスによる不具合の発生、事故の発生を防止する施策がとられている。フールプルーフ、フェールセーフといった設計は、こういった事故防止、不具合防止にも大いにその機能を発揮しているはずである。

　誰も痛い思いなどしたくはないし、他人にもさせたくない。まして事故や不具合を起こしたくなんかない。でも時に不思議な行動をとる可能性がある。それが人間である。その一瞬のミスや勘違いが大事の発端にならないための様々な仕組みやシステムが現場や設備には具備されているが、これらもまたどんな仕組みがあるのか、それはどう操作することが必要なのかを訓練を通して理解し、共有しておく必要があるは言うまでもない。

　ところで、こういった防御システムの最も大きな要素が現場の

持っているコミュニケーションである。お互いの思いやり、気づかい、声掛け、パネルマンから現場オペレーターへの指示した作業に関する念押しや確認、先輩からの一言、そういったものが本当に数多くのミスを防ぎ、カバーしているはずである。前章で述べたコミュニケーション、チームワークこそ、現場安全確立のための正にキー、現場力のもう一つの大きな要目なのである。

　人間誰しも懸命に働いている。自分の使命を全うしようとしている。それは職場でだけではない。一人ひとりが社会人として、家庭人として、世の中に生きている。その一コマが現場での、会社での仕事である。ここで痛い思いやましてやケガなどしてはいけない、させてはいけないのである。

3　その思いと知識が息吹いていることが安全文化

　大きな事故が様々な角度から検証され、その本質原因が語られる時、必ず出てくるのが安全文化という言葉である。事故の原因に繋がったその工場にあった何らかの欠陥を改善し、同じような事故を起こさないために更なる安全文化の醸成が求められるといった表現でまとめられることが多い。そういった報告を聞いた時、果たして自分の現場に安全文化が行き渡っているかどうか、自分の現場は何ができていて何ができていないのかが明解に分かるかというと、実はそうでもない。いわゆる「我が社の常識、世間の非常識」とか「井の中の蛙大海を知らず」といった特異な世界に、自分の現場もまた陥っていることがほとんどだからである。

　そのため、いわゆる外部機関による監査を受け、相対的に自分の現場が世の中の他の工場に比べどんな位置づけになるのかを知り、より良くなるための改善の方向性を認識することが求められているのも事実であるし、こういった外の目はぜひ活用すべきである。

　自分たちの現場に関わる様々な要件が整理されており、それを全員が正しく理解していること、それに基づく取り扱い物質やプロセス、設備、装置の運転、現場の作業、そして整備や工事に伴うリスク評価が、経験はもちろん、科学的知見を踏まえ十分になされていること、それを行うことのできる知識や知恵の教育が行き届き、練磨されていること、そして全員の気づきや気がかりを全員で共有し、納得し、腹落ちして実務にあたっていることが常態化していれば、その現場は、今更安全文化などと声高に唱える

までもなく、十分に安全が機能していると言えるのではないだろうか。もちろん、そこに至るためにはトップや管理部門、関連部門のいろいろな働きかけや施策、原資投入も必要である。

　一方で製造現場は大勢の人間が関わる業務である。指揮命令系統は明確でなければならない。ルールや指示は守らなければならないが、一人ひとりがその状況や内容を理解し、納得した上で行動しなければならない。そのためには意思を伝え、理解し共有するというコミュニケーションが十分に取れていなければならない。「一人ひとりがかけがえのない人」であることを認識し、その仲間がお互いを尊重し、信頼して「自分はもちろん、誰にも痛い思いをさせない」「地域にも迷惑なんか掛けない」という思いを持って行動できているのであれば、ここもまた安全文化が十分に機能していると言えるのではないだろうか。

　結局、本書で述べてきたことは安全文化を高める施策でもあった。知識や知恵を練磨し、仲間や関係者との有効なコミュニケーションがとれた現場であれば、自ずと事故や不具合の発生する可能性は限りなく低くなるのである。それでも「昨日までの安全が今日の安全を担保しない」という言葉の通り、今日また新たな課題が出現するかもしれないし、気を緩めたり、手を抜いたりした瞬間に安全レベルは低下することは多くの事例が示している。安全活動に終わりはないのである。関係者全員が常に安全第一を最優先で考え、それを実行していくこと、その気概こそが安全文化であり、安全な現場を作るためには必須なのである。

参考文献

1）厚生労働省労働基準局安全衛生部安全課労働災害発生状況等（平成30年
　6月1日）

2）荒井保和：「経営から現場まで　プラント安全構築マニュアル」、化学工
　業日報社（2014）

3）高圧ガス保安協会事故データベース（2017）

4）高圧ガスvol.53 P.5 高圧ガス保安協会（2017）

5）荒井保和：『化学経済』vol.63 No.7　2016年6月号、化学工業日報社（2016）

6）田村昌三：『安全と健康』vol.19 No.1 2018（17）

おわりに

　比較的小規模の工場で安全活動や事故の再発防止策のお手伝いをしていて、そこにある安全理念や基本的な安全施策が、所謂大企業の大きな工場で取り組まれているものとは大きなかい離があることを痛感し、それらのことを少しでも知って頂く、そしてそれが安全の深化を生むきっかけになってくれればという思いからこの拙い文章を綴ってきた。しかし、述べてきた事柄は、製造に携わる誰もが一度や二度は聞いたことがあり、考えたことがあることばかりであったし、その項目には一つとして大きな工場でしかできないものはなかったように思う。即ち安全の確保、事故防止のためには王道はないのであって、安全な製造現場を作る方法は、工場の規模などには関係なく、愚直に継続して一つひとつを詰めていく活動こそが正しい道ということを改めて示すことに過ぎなかった。そして、工場によって感じられたかい離とは、それらの徹底度、そして「自分たちのところからは、決して事故は起こさない」という信念を、経営から現場第一線までがどのくらい真剣に、自らの問題として取り組んできたか、取り組んでいるかの差であったと感じるのである。

　それら安全に関わる諸活動の徹底ということを念頭に本書を綴ってきたが、本文で述べた気づくことができる力、それこそが安全に強い現場、事故を起こさない現場を作るための鍵であり、この醸成のための施策、情報の収集、教育といった面での視点、そしてそれらを真に生かすための人の和や連携の重要性について再確認する機会を示すこととなった。その理解の一助として、様々な事例を織り込んできた積もりでいるが、当然のことながらそれ

らは決して全てを網羅しているものではない。読者諸氏の経験や知見、各現場の状況、そして筆者にも見えていない数多くの視点や手法を踏まえ、より意義深い安全活動が芽生えることを期待するばかりである。

　そして、これらの整理は筆者の極めて個人的な見解でもある。従って偏りもあるだろう。でもそれらがどこかで読者諸氏の安全に関わる議論を深める手掛かりにして頂けることを、切に願う次第である。

「ほとんどの事故は、過去誰かが経験したリバイバル事故である。」

　そして、

「昨日までの安全が、今日の安全を担保するものではない。」

最後に本文でも記したこのことを今一度胸に刻んで、拙著の締めくくりとさせて頂く。

　2018年12月

荒井 保和

◎著者略歴

荒井 保和（あらい やすかず）

1972年3月慶應義塾大学大学院 工学研究科修了、同年4月三菱化成株式会社［現三菱ケミカル株式会社］入社、エンジニアリング、技術開発、事業開発他に従事、鹿島工場管理部長、製造部長、本社技術部GM、三菱化学エンジニアリング株式会社［現三菱ケミカルエンジニアリング株式会社］技術管理部長を経て、2002年6月同社取締役中部支社長、同社取締役技術本部長等を歴任。
2005年5月～2011年4月高圧ガス保安協会理事／認定検査実施者調査、事故調査等を担当、2011年6月～2014年3月三菱化学株式会社安全アドバイザー、2012年6月～ コスモ石油株式会社 顧問。現在、保安・安全アドバイザーとして工場の保安・安全活動の支援・指導、保安・安全関係の講演など。

事故調査委員（外部委員として）
コスモ石油株式会社 液化石油ガス出荷・貯蔵設備 火災爆発事故調査委員（2011年4月～）、東ソー株式会社 塩化ビニール製造設備 爆発火災事故調査対策委員（2011年11月～）、株式会社日本触媒 アクリル酸製造施設 爆発・火災事故調査委員（2012年10月～）他

著書に『経営から現場まで プラント安全構築マニュアル』2014年、『改訂版 産業安全論』2017年［共著］（共に化学工業日報社）。連載執筆に『コンビ認定の現地調査メモから』2008年1～12月、「高圧ガス」（高圧ガス保安協会）がある。

事故になる前に気づくための
産業安全　基礎の基礎

荒井　保和　著

2018年12月 4 日　初版 1 刷発行
2019年 4 月 5 日　初版 2 刷発行
2020年 3 月31日　初版 3 刷発行

発行者　織 田 島　　修
発行所　化学工業日報社
〒103-8485　東京都中央区日本橋浜町 3 - 16 - 8
電話　03（3663）7935（編集）/03（3663）7932（販売）
Fax.　03（3663）7929（編集）/03（3663）7275（販売）
振替　00190 - 2 - 93916
支社　大阪　支局　名古屋、シンガポール、上海、バンコク
URL　https://www.chemicaldaily.co.jp

印刷・製本：平河工業社
DTP：ニシ工芸
カバーデザイン：田原佳子

ISBN978 - 4 - 87326 - 707 - 4　C3050